Ciencia y Política:
la Genética como herramienta

Emilio Cervantes y Francisco Bravo

Ciencia y Política:
la Genética como herramienta

Emilio Cervantes y Francisco Bravo

Figura 1: 1, Gregor Mendel (1822-1884); 2, August Weismann (1834-1914); 3, Frederich Miescher (1844 -1895); 4, Thomas Hunt Morgan (1866-1945); 5, Vladimir Leontievich Komarov (1869–1945); 6, Nicolai Vavilov (1887-1943); 7, Nikolái Ivánovich Bukharin (1888-1938); 8, Yakov Yakovlev (1896-1938); 9, Trofim Denísovich Lysenko (1898-1976).

Aunque el Logos es común, la mayoría vive como si tuviera una inteligencia particular

(Heráclito de Éfeso, 535-484 a. C.)

Contenido

1. Introducción: Ciencia y Política

En su obra titulada "*Política*" Aristóteles caracteriza al ser humano por su racionalidad y también por ser político. Ambos atributos van indisolublemente unidos y, en cuanto un colectivo de individuos pueda tener un cierto conocimiento de sí mismos y de su entorno, surgirá pronto la división de tareas e inmediatamente la representación política, la cesión de ciertas capacidades de gestión de unos en manos de otros. Según Aristóteles, la razón nos distingue de los animales y nos permite actuar, al menos de vez en cuando, con independencia de los hábitos e incluso superando las inclinaciones de la propia naturaleza. Guiado por la razón y en base al conocimiento, el ser humano puede superar la fuerza de la costumbre e imponerse a los hábitos en sus actuaciones. Para ello es necesario tener a la vista una serie de opciones, de posibilidades que el conocimiento le proporciona. La raíz Leg- en *Legere* es común para delegar el poder y elegir (Razón).

La política, el arte de gobernar, se basa en que unos elementos de la sociedad representan a otros. La razón y la política son lo que hace humanos a los seres humanos y ambas cualidades están intrínsecamente relacionadas. Aunque *a priori* podría parecer que el conocimiento y la razón, dirigirían la actividad de representación dominando la política, ésta es algo más compleja que una operación según la razón. Además de la razón, la política depende de la autoridad y resulta del juego de esos dos factores: La razón y la autoridad.

No hay, a priori, establecida una relación clara de subordinación y tanto depende la política de la ciencia como la ciencia de la política. Será imposible mantener una propuesta de gobierno para alguien que no esté al corriente de los conocimientos en curso en una sociedad, pero por otra parte también es imposible desarrollar una labor científica o académica desde unos principios o planteamientos contrarios al discurso político imperante, contra la autoridad. El conocimiento es una actividad íntimamente vinculada al poder y ambas son interdependientes. Y no obstante, la autoridad cuenta con recursos para someter a los científicos y la ciencia se ve, en ocasiones, subordinada a la política, presentando sus actividades y resultados en modo agradable a la autoridad, útil a sus intereses. Una de las estrategias llevadas a cabo por la autoridad para someter a la ciencia ha sido el tratar a sus miembros como un estamento a su servicio. Así por ejemplo Napoleón en su invasión de Egipto se hizo acompañar por un grupo de científicos, a los que se complacía en denominar *les ânes*, los asnos. Pero sin ir tan lejos, también en la actualidad la ciencia está sometida en buena medida al control de la economía.

Entre las disciplinas científicas las hay que tradicionalmente han estado más sometidas al poder que otras, pero resultaría imprudente establecer las relaciones entre una actividad científica y un orden social determinado sin hacer antes un análisis riguroso. En los capítulos que siguen analizaremos las relaciones del poder político con una disciplina que, si bien en una apreciación a priori, no sería una de las más indicadas en tal análisis, en su historia surgen relaciones inesperadas. Nos referimos a la Genética. La descripción de una serie de características propias de la actividad científica permitirá distinguir dentro de esta disciplina aquellos trabajos dirigidos a ensanchar las fronteras del conocimiento de otros escritos con otros fines. Así, el estudio de la historia de la Genética servirá como herramienta para distinguir la ciencia de la pseudociencia, es decir la manipulación del pensamiento por la autoridad para perseguir sus fines.

2. La Genética, una disciplina de gran relevancia política

La Genética es la ciencia que estudia la transmisión de los caracteres. [1] Tradicionalmente la cuestión ha atraído la atención de filósofos y literatos a lo largo de los siglos, así por ejemplo Montaigne (1533-1592), quien se admiraba de distintos fenómenos conocidos en relación con la herencia y en sus Ensayos escribe:

> ¿Qué cosa más estupenda que esa gota de semilla, de la cual somos producto, incluya en ella las impresiones no ya sólo de la forma corporal, sino de los pensamientos e inclinaciones de nuestros padres? Esa gota de agua, ¿dónde acomoda un número tan infinito de formas, y cómo incluye las semejanzas por virtud de mi progreso tan temerario y desordenado que el biznieto responderá a su bisabuelo, y el sobrino al tío? En la familia de Lépido, en Roma, hubo tres individuos que nacieron (no los unos a continuación de los otros, sino por intervalos) con el ojo del mismo lado cubierto con un cartílago. En Tebas había una familia cuyos miembros llevaban estampado desde el vientre de la madre la forma de un hierro de lanza, y quien no lo tenía era considerado como ilegítimo. Aristóteles dice que en cierta nación en que las mujeres eran comunes, los hijos asignábanse por la semejanza a sus padres respectivos.

Pero Montaigne no escribía por simple curiosidad. Su interés por la herencia afectaba a su propia enfermedad y así continúa el párrafo de esta manera:

> Puede creerse que yo debo al mío mi mal de piedra, pues murió afligidísimo por una muy gruesa que tenía en la vejiga, y sólo advirtió su mal a los sesenta y siete tiros de su edad; antes de este tiempo nunca sintió amenaza o resentimiento en los riñones, ni en los costados, ni en ningún otro lugar, y había vivido hasta entonces con salud próspera, muy poco sujeto a enfermedad. Siete años duró después del reconocimiento del mal, arrastrando un muy doloroso fin de vida. Yo nací veinticinco

[1] Entendemos que la transmisión de los caracteres es un proceso complejo que debe abordarse con amplitud de miras. Es importante destacar cuán frecuente ha sido en la Ciencia la generalización indebida. Que los genes codifiquen para proteínas no significa que el DNA sea la única molécula responsable de la herencia, ni siquiera que esta venga determinada exclusivamente a nivel molecular. Los avances en Genética han ido acompañados con frecuencia de generalizaciones incorrectas.

años, o más temprano, antes de su enfermedad, cuando se deslizaba su existencia en su mejor estado, y fui el tercero de sus hijos en el orden de nacimiento. ¿Dónde se incubó por espacio de tanto tiempo la propensión a este mal? Y cuando mi padre estaba tan lejos de él, esa ligerísima sustancia con que me edificó, ¿cómo fue capaz de producir una impresión tan grande? ¿y cómo permaneció luego tan encubierta que únicamente cuarenta y cinco años después he comenzado a resentirme, y yo sólo hasta el presente entre tantos hermanos y hermanas nacidos todos de la misma madre? A quien me aclare este problema, creeré cuantos milagros quiera, siempre y cuando que (como suele hacerse) no me muestre en pago de mi curiosidad una doctrina mucho más difícil y abstrusa que no es la cosa misma.

Desde un punto de vista práctico, el estudio de la herencia es relevante en medicina para el conocimiento del origen de algunas enfermedades y también para la mejora de las plantas y animales, actividades tan antiguas como la agricultura y la ganadería. Quien consiga entender bien la herencia, podrá comprender mejor los procesos de salud y enfermedad, así como controlar los medios de producción y obtener mejores rendimientos en sus producciones agrícolas y ganaderas. Pero la cosa no queda ahí. Recientes avances en bioquímica permiten la realización de pruebas de paternidad basadas en la estructura del DNA. La conexión entre Genética y Medicina va más allá de una aplicación económica o sanitaria y se dirige a la definición de nuestra identidad. Surge inmediata la posibilidad que ofrece la Genética para dirigir el futuro: El experto en Genética podrá contribuir al diseño de aspectos cruciales de la sociedad. No en vano la Genética ha estado vinculada desde sus orígenes y a lo largo de la historia con la Eugenesia, disciplina que pretende el perfeccionamiento de la especie humana, a veces por medio de la aplicación de los conocimientos de la Genética y otras veces por otros medios, menos científicos pero más expeditivos. Pero es bien sabido que un requisito importante para controlar el futuro es controlar el pasado y así una cuestión de gran alcance es que la Genética es, etimológicamente, el estudio de los orígenes, Génesis. Cualesquiera que, a lo largo de la historia, hayan sido los puntos de vista o métodos aplicados en medicina, agricultura y ganadería, han ido acompañados siempre de un relato de los orígenes. Además de estudiar la salud o las claves de la producción agrícola y ganadera, la Genética aporta una información vital sobre cuestiones fundamentales: ¿Quiénes somos? ¿De dónde venimos? Preguntas que se contestarán de una u otra manera según el régimen político y cuyas respuestas, explícitas o no, irán vinculadas al desarrollo de planes para el futuro pues dependiendo de la respuesta a estas preguntas responderemos también la siguiente ¿A dónde vamos? La Genética es una disciplina científica que se relaciona fundamentalmente con aspectos clave de la vida social. No en vano, los resultados más avanzados de la experimentación en Genética y en Bioquímica llegaron a descubrimientos llamados con expresiones como: El Dogma Central de la Biología Molecular o El Código Genético, como si de un Código de Hammurabi, o principios básicos de la descripción de la humanidad se tratase.

Durante la guerra fría, en las décadas que siguieron a la Segunda Guerra Mundial, en paralelo con la situación política europea vemos surgir una disputa en la genética entre Occidente y la URSS. A lo largo de los años en Europa Occidental y los Estados Unidos de América se critica severamente la figura de Trofim Denísovich Lysenko (1898-1976), presidente de la Academia de Ciencias Agrícolas de la Unión Soviética entre los años de 1938 y 1953, crítica que se dirige tanto a su actividad política como a su carrera científica. Siendo un responsable científico del régimen estalinista no sorprende que algunas de las decisiones tomadas por Lysenko hayan podido ser injustas o incluso criminales como su actuación en el caso de Nikolai Vavilov, su predecesor en la dirección de la Academia Lenin de Ciencias Agrícolas y uno de los principales representantes soviéticos de la Genética, disciplina a que Lysenko se refería como una "seudociencia burguesa". Vavilov fue encarcelado en 1940, condenado de acuerdo con el Artículo 58 del Código Penal de la RSFS (República Socialista Federativa Soviética), diseñado para detener a las personas sospechosas de actividades contrarrevolucionarias, y murió por malnutrición, en la cárcel, en 1943, teniendo distrofia (nutrición defectuosa de los músculos que lleva a la parálisis).

Pero aquí no vamos a tratar de la biografía de Lysenko ni tampoco hemos de someterlo a un juicio. Tampoco trataremos de las vicisitudes históricas del régimen socialista en la Unión Soviética, ni en general ni en su vertiente científica. Nuestro objetivo será más puntual: distinguir entre ciencia y política, una tarea muy difícil en Biología. La Genética es una disciplina científica relativamente joven y en su historia muestra casos ejemplares de la aplicación del método científico. Al analizar la obra de algunos autores es posible distinguir con claridad en dónde se está aplicando rigurosamente el método y en dónde no. En su libro titulado *The Natural Conection* (1995) Michel Serres escribió:

> *As a total social fact, politics dictates to biology its Lysenkovian or Michurinian truths; if religion becomes a total fact, it will impose its dogma on Bruno, Galileo, or Darwin's disciples.*

> Como un hecho social total, la política dicta a la biología sus verdades Lysenkoistas o Michurinistas; Si la religión se convierte en un hecho total, impondrá su dogma a los discípulos de Bruno, Galileo o de Darwin.

Sentencia que indica cierta confusión, ya que es seguro que la política dicta aspectos concretos de la genética de Lysenko o de Michurin y de otros autores, pero lo que más nos interesa es saber exactamente cuáles son esos aspectos que la política dicta a la Biología. No importa tanto saber si son Lysenkoistas o son Michurinistas, sino cuáles son esas verdades, porque en definitiva, si son impuestas a la biología deberán tener su origen en la ciencia y no en la política. Tal vez se trate de cuestiones políticas convenientemente camufladas bajo el disfraz de la ciencia. También suena muy extraño que la religión pueda convertirse en hecho total para imponer su dogma a Darwin, si precisamente es Darwin quien escribe para

14

interpretar la naturaleza sin necesidad de acudir a la religión, puesto que una vez admitida la selección natural, ya no hay necesidad de más explicación. Así, no sólo hay aspectos de la ciencia dictados por la política, sino que habrá otros aspectos de la ciencia que son, básicamente, política y no ciencia y a los cuales habrá que desenmascarar. Con el objetivo de establecer estas distinciones entre ciencia y política es interesante la Genética, una disciplina reciente cuya historia es un buen compendio del método científico. No todo lo que está escrito en los libros de ciencia es Ciencia. Nuestro objetivo es distinguir a la ciencia de la política, y para ello utilizaremos la historia de la Genética como herramienta. Para establecer una distinción tan clara como sea posible hemos de leer con mucha atención los textos correspondientes a nuestros autores objeto de estudio, buscando entre los científicos aquellos indicios que nos sirvan para señalar a los políticos.

Leeremos y analizaremos en los capítulos que siguen algunos textos clave de la Genética. Comenzaremos por los experimentos de Mendel. Comentaremos también algunos resultados notables de la genética bioquímica. A continuación pondremos nuestra atención en algunos textos de los autores que representan tendencias opuestas: La genética de Occidente representada por Morgan y la biología agrícola de la URSS, representada por Lysenko. Veremos en qué son tan opuestos y en qué coinciden. En cuanto a los textos de Lysenko analizaremos una versión española de su Informe a la Academia de Ciencias Agrícolas de la URSS de 1948 y fragmentos de su obra titulada: La herencia y su variabilidad. Nuestra intención general será ver si al leer y analizar un texto podemos encontrar claves que nos indiquen su naturaleza: científica o política. Si se escribió para avanzar en el conocimiento o si, por el contrario se escribió como herramienta de manipulación. Nuestro análisis, aplicado en particular a los textos de Lysenko servirá para ver en qué medida era científico y si él tiene algo que aportar a la Genética de su época, puesto que si así fuera es posible que algunas de sus ideas puedan ser todavía recuperables e interesantes. La polémica sobre Lysenko está abierta y se ha puesto recientemente de manifiesto en algunos congresos (De Jong-Lambert, 20013). En definitiva se trata de ver dónde está la pseudociencia, si surge con Lysenko o ya estaba en otros autores anteriores a él.

3.   La Genética en sus orígenes I: Cruzamientos

A través de los siglos, en cada granja el ganadero y el agricultor han intentado tener como progenitores a sus mejores individuos con la esperanza, a menudo confirmada, de que los caracteres que definían su calidad serán transmitidos a la descendencia. A la vez los investigadores, llevados por la curiosidad, han buscado la posibilidad de obtener híbridos entre especies y variedades diferentes. Desde una perspectiva contemporánea, el planteamiento científico de la cuestión de la herencia ocurrió a lo largo del siglo XIX con los trabajos de una serie de investigadores: Gaertner, Kolreuter, Naudin (Marza y Cerchez, 1967) y, sobre todo, Gregor Mendel (1822-1884), sacerdote agustino que vivía en el

Convento de Brno en el que realizaba cruzamientos entre plantas. El hecho de que Mendel viviese en un convento no es trivial puesto que en pocos lugares podría encontrar la paz exterior y la tranquilidad de espíritu necesarias para diseñar, llevar a cabo e interpretar unos experimentos que le llevaron años. Los experimentos de Mendel son un ejemplo en la ciencia por la claridad con la que su autor se planteó las preguntas pertinentes. A esta claridad acompañó, como suele suceder, el acierto afortunado a la hora de elegir sus materiales de estudio, las plantas de guisante. Pero para Mendel, el sujeto de estudio es el carácter, el rasgo hereditario, la característica, que ha de ser vista como entidad aislada e independiente, aunque para su existencia requiere el soporte de un sujeto. El éxito de su empresa se debe a la meticulosa elección de los caracteres y al procedimiento que, muchos años después nos aparece como ejemplo de pensamiento neto y ordenado en una aproximación original a la naturaleza.

Al parecer Mendel no tuvo buenas calificaciones en sus exámenes (Suárez, y Ordóñez, 2010) y, sin embargo, estuvo acertado en su experimentación. Para empezar no fue ambicioso y la claridad es opuesta a la ambición. Por el contrario sus preguntas eran humildes. No se referían a cuestiones demasiado amplias. Mendel no se preguntaba ¿Cómo se heredan, en general, los caracteres, todos los caracteres? Que es una cuestión demasiado general, confusa y por tanto difícil de contestar. Definir los presupuestos teóricos es algo esencial en los protocolos experimentales de Mendel. En primer lugar se ocupa de definir el carácter objeto de estudio. Para ello se había fijado en aspectos puntuales de las semillas como por ejemplo su color o su forma. Ambas mostraban una variación discontinua, es decir que se presentaban en varias modalidades discretas. Así, en lo que respecta a su textura, las semillas podían ser lisas o rugosas; y en lo que respecta a su color, amarillas o verdes. Otras características estudiadas afectaban al color de la flor (blanco o amarillo) y al porte general de la planta (plantas enanas o normales). No se daban situaciones intermedias que en otros casos podrían ser frecuentes. Sólo cuando el carácter se ha definido se realizarán cruzamientos entre individuos distintos para dicho carácter. Finalmente, se observará la distribución del carácter en la descendencia que se analizará estadísticamente. Ninguno de los aspectos del protocolo es trivial y todos son dignos de una consideración adecuada. Pero el principal es el primero: la definición de cada objeto de estudio: cada carácter.

Además de lo indicado, entre las características que dan al trabajo de Mendel la categoría de ejemplar tenemos:

1. Referencia adecuada a sus predecesores: sus resultados y conclusiones principales con particular atención a la cuestión estadística o matemática.

2. Criterio de selección del material experimental: Características, ventajas y dificultades.

3. Ordenamiento de los experimentos y descripción metódica de los resultados

Haremos a continuación un breve relato de los experimentos de Mendel. [2] Nuestro relato se basa en estudios y lecturas de Genética. Una revisión crítica sobre la historia de las leyes de Mendel se encuentra en el artículo de Jonathan Marks titulado *The construction of Mendel laws* (La construcción de las leyes de Mendel, 2008).

En sus experimentos, Mendel comenzó fijándose en una de estas características y partiendo de lo que llamamos línea pura, es decir plantas de guisante, cuyas semillas eran amarillas o verdes, sin variación, y así lo habían sido a lo largo de generaciones. En estas líneas, al cruzar plantas que dan semillas amarillas, se obtienen siempre plantas que dan semillas amarillas. Del mismo modo, cruzando plantas pertenecientes a líneas puras con semillas verdes, siempre obtenía semillas verdes. En las primeras líneas de la descripción de sus experimentos se refiere Mendel a la uniformidad de los híbridos. Cruzando una planta de la línea pura de guisantes amarillos con una planta de la línea pura de guisantes verdes obtenía en la primera generación sólo guisantes amarillos. Así, al carácter color amarillo, lo llama dominante y al verde, recesivo. Es decir que en el caso de un guisante amarillo puede tratarse tanto de una línea pura como de un híbrido, pero en el caso de un guisante verde ha de ser necesariamente homocigótico.

Mendel se refiere después a la segregación de caracteres en la primera generación de los híbridos. Al cruzar plantas de la primera generación se obtenía una proporción de guisantes verdes que se aproximaba a 1/4 de la descendencia. A continuación investiga lo que ocurre en la segunda generación.

Los experimentos posteriores van encaminados a responder una pregunta que afectaba ya a la herencia de dos caracteres distintos: color de la semilla y forma de la semilla. Mediante una serie de experimentos Mendel dedujo la que llamó ley de segregación independiente de los caracteres. Según Marks (2008), esta tercera ley fue puesta de relieve por Morgan de manera interesada para destacar que se ajustaba con sus propios estudios.

La Genética nacía así como una ciencia basada en el diseño de experimentos que, por lo general, se basan en cruzamientos y van encaminados a conocer cómo se heredan los caracteres. Un autor puede interpretar los resultados y las publicaciones de otros autores precedentes, pero todos han de actuar motivados por un interés común en ensanchar el campo del conocimiento. A tal fin, han de ser honestos y sus experimentos se dirigirán a responder cuestiones precisas y puntuales. Del mismo modo ha operado desde sus orígenes la Bioquímica. En el fondo de todos estos

---

[2] El original en alemán (*Versuche über Pflanzenhybriden*) se publicó en 1866. En inglés se encuentra en http://www.mendelweb.org/Mendel.html, y en español en la traducción del Dr. Giráldez, de la Universidad de Oviedo: http://www.unioviedo.es/esr/rgiraldez/Textos/mendel1866.pdf.

experimentos realizados mediante cruzamientos había una serie de cuestiones bioquímicas: ¿Cuáles son las moléculas responsables de la herencia? ¿Cómo actúan? Para resolverlas se han llevado a cabo a lo largo de los años muchos experimentos.

4. La Genética en sus orígenes II: Bioquímica

En los terrenos de la Bioquímica algunos experimentos buscaban identificar las moléculas asociadas con los procesos de la herencia. Así, ocho años después de la publicación de los experimentos de Mendel, en 1874, Frederich Miescher (1844 -1895) encontró una sustancia rica en ácido fosfórico asociado con moléculas ricas en nitrógeno y que hoy sabemos que son las bases nitrogenadas. Llamó a esta sustancia nucleína porque la obtuvo, entre otros materiales, de los núcleos de leucocitos obtenidos del pus de las vendas quirúrgicas. Hacia 1900 se conocía algo de su estructura y composición: Se trataba de una molécula larga y compuesta por tres subunidades: un azúcar de cinco carbonos, fosfato y cinco tipos de bases nucleotídicas ricas en nitrógeno (adenina, timina, guanina, citosina y uracilo). Los detalles estructurales de esta molécula se resolverían años más tarde mediante la cristalografía de Rayos X, pero entretanto una serie de experimentos permitía atribuirle su función como material genético. En 1928 Griffith descubrió el llamado Principio transformador, una molécula capaz de convertir las cepas inocuas de la bacteria *Diplococcus neumoniae* en virulentas. Avery, MacLeod y MacCarthy en 1943, en el *Rockefeller Institute*, demostraron que el DNA era el Principio transformador. La interpretación de sus experimentos no dejaba lugar a dudas: *"The inducing substance has been likened to a gene and the capsular antigen which is produced in response to it has been regarded as a gene product"* (La sustancia inductora se ha comparado con un gen y el antígeno capsular que se produce en respuesta a él se ha considerado como un producto génico). En consecuencia, la unidad de la herencia, el gen, está compuesto por DNA, lo cual venía a confirmar afirmaciones anteriores de Oskar Hertwig (1849-1922), y August Weismann (1834-1914) -una voz de gran autoridad-, que se habrían expresado en el sentido de que "...es altamente probable que la nucleína sea la responsable no solo de la fertilización sino de la transmisión de los caracteres".

Más tarde, Walther Flemming (1843-1905) descubriría una estructura dentro del núcleo a la que llamó "cromatina", relacionándola directamente con la nucleína. Siguiendo la saga y como veremos pronto, Thomas Hunt Morgan (1866-1945) apoyaría la idea a la que habían llegado las especulaciones de varios investigadores de finales del siglo XIX, respaldados por Weismann, de que los cromosomas son los únicos transmisores de la herencia (Mirsky, 1968). Es correcto, como defendían, que los cromosomas son los transmisores de la herencia. Pero no podemos aseverar con pruebas que son los únicos transmisores de la herencia. Además, Weismann daba una connotación reduccionista y mística a la función de las moléculas hereditarias, a las que consideraba imperturbables a la acción del ambiente.

18

Los experimentos de Mendel se publicaron en 1866 pero no fueron adecuadamente interpretados por sus contemporáneos y permanecieron en el olvido, o como veremos, en la ocultación hasta su re-descubrimiento ya en los albores del siglo XX (1900) por Hugo de Vries (Holanda), Carl Correns (Alemania) y Erich von Tschermak-Seysenegg (Austria). Lucien Cuénot (ratón) y William Bateson (aves) demostraron en 1902 que los principios mendelianos son aplicables a animales, y en el mismo año Theodor Boveri y Walter Sutton mediante la Teoría Cromosómica de la Herencia propusieron que los alelos mendelianos se encuentran en los cromosomas. Quien vendría a realizar los experimentos necesarios para acompasar los resultados de Mendel con la Teoría Cromosómica de la Herencia, dando así el espaldarazo definitivo a Mendel como base y fundamento de la Genética fue Thomas Hunt Morgan a quien dedicaremos un capítulo enseguida. No obstante, al abrir un libro de Genética uno se encuentra con la fotografía de Darwin o con su nombre citado en un gran número de ocasiones, por eso antes de proceder al análisis de los textos de Morgan y de Lysenko conviene que dediquemos un apartado a este autor que luego resultará tan útil para discernir los aspectos científicos de los políticos en la Genética.

5.   La cuestión de El Origen de las Especies

Es casi seguro que Darwin tuvo en sus manos el artículo titulado *Versuche über Pflanzen-Hybriden* que Mendel había publicado en 1865 en los Proceedings de la Sociedad de Brünn. la Sociedad de Brünn mantenía una considerable lista de intercambio, y sus Proceedings se enviaron a más de 120 bibliotecas universitarias y académicas.

Según Bateson, en Londres había al menos dos copias del artículo de Mendel. La Royal Society tenía una y otra la Linnaean Society. Asimismo había varias copias en USA, en la *Library of Congress* y en la *Smithsonian Institution* en Washington DC, y en la biblioteca del *Museum of Comparative Zoology* de la Universidad de Harvard. En Europa se sabe que la *Académie Royale des Sciences Naturelles* de Bruselas, y la *Société des Sciences Naturelles de Estrasburgo*, disponían así mismo de ejemplares de la revista conteniendo la publicación original de Mendel. Pero además Mendel tenía 40 separatas de su trabajo (Sturtevant, 2001).

En su artículo titulado Los guisantes mágicos de Darwin y Mendel, Andrés Galera se pregunta: ¿Podemos establecer un vínculo directo entre Darwin y Mendel? Y responde de esta manera:

> La pregunta tiene respuesta a través del libro de Hermann Hoffmann *Untersuchungen zur Bestimmung des Werthes von Species und Varietäts*, publicado en 1869, donde se recogen los experimentos mendelianos. En 1876 se editó el libro de Darwin *The effects of cross and self fertilisation in the vegetable kingdom*, su lectura revela que Darwin leyó y analizó el libro de Hoffmann y las referencias conducen a las páginas que contienen la información relativa a Mendel. Consecuentemente, entre 1869 y 1876

Darwin tuvo la posibilidad de conocer la teoría hereditaria expuesta por el monje pero, intencionadamente o no, dejó pasar esta oportunidad.

Darwin leyó, o al menos pudo haber leído, los experimentos de Mendel, pero no los discutió ni los consideró en ninguna de sus publicaciones. No era la primera vez que Darwin se mostraba desconsiderado con un autor que le precedía o cuyos resultados eran notorios en un área de investigación relevante para su propio trabajo. Más adelante veremos otros casos pero lo que interesa ahora es dejar constancia de una posibilidad. Si Darwin no mencionó nunca el trabajo de Mendel, si este trabajo aparece mencionado pocas veces durante décadas, puede que sea porque las ideas sobre la herencia y la evolución eran diametralmente opuestas en ambos autores y así el trabajo de Mendel no gustó en los círculos darwinistas que eran ya entonces los representantes del poder en la Academia. Wolf-Ekkehard Lönnig (1998) apoya esta idea con los siguientes argumentos:

1) Darwin creyó en la herencia de caracteres adquiridos, en la pangénesis y en la evolución continua. El trabajo de Mendel no estaba estrictamente alineado con estos tres puntos.

2) En su artículo, Mendel menciona con frecuencia el adjetivo "constante" aplicado a sustantivos como caracteres, descendencia, formas, combinaciones, leyes y especies. Mendel estaba convencido, como Gäertner de que las especies son entidades fijas que no pueden cambiar más allá de ciertos límites.

Para Dobzhansky, nada haría más daño a la teoría evolutiva que encontrar una definición de especie. Literalmente:

> No es una paradoja decir que si alguien consigue aportar una definición estática y aplicable universalmente de las especies, pondría en serias dudas la validez de la teoría de la evolución

Y de manera semejante, Bateson expresaba:

> En todo lo que concierne a la especie los próximos treinta años están marcados por la apatía característica de una era de fe. La evolución se ha convertido en el campo de ejercicios de los ensayistas. El número de naturalistas se ha multiplicado por diez, pero sus actividades se dirigieron a otra parte. El logro de Darwin superó tanto lo que se había creído posible antes, que lo que debería haber sido aclamado como un comienzo esperado desde hacía mucho tiempo se tomó como un trabajo terminado. Recuerdo que recibí de uno de los más serios de mis mentores la amable advertencia de que era una pérdida de tiempo estudiar la variación, pues *Darwin había barrido el campo* (énfasis añadido).

Una vez vistos estos argumentos expuestos por Wolf-Ekkehard Lönnig para explicar por qué las leyes de Mendel habían quedado olvidadas durante largo tiempo nos gustaría presentar otra posible hipótesis que sería que, dado que el trabajo de Mendel estaba expuesto de una manera clara y honesta y era un ejemplo de ciencia (Genética) no convenía ponerlo al lado de El Origen de las Especies, una obra de difícil atribución a disciplina científica alguna. La comparación entre ambas obras era una peligrosa operación para la de Darwin que dejaría en evidencia su falta de contenido científico y esto es precisamente lo que vamos a hacer a continuación.

En primer lugar debe quedar claro que El Origen de las Especies no es una obra de Genética. En ningún momento muestra su autor preocupación alguna por las cuestiones de la herencia. En numerosas ocasiones usa el término *descent*, descendencia, pero en escasas ocasiones utiliza el término *heredity* y, cuando lo hace, es aplicado a cuestiones muy generales. Algunos de sus lectores, siempre buscando su defensa, cuando no su exaltación, indican que era partidario de algo que se ha denominado la teoría de la pangenesia o pangénesis, pero término tan confuso y poco sustentado por resultados de la experimentación, no aparece en las páginas de El Origen. Pero entonces ¿Por qué Darwin aparece tan a menudo citado en los textos de Genética? ¿Cuál es su contribución a esta disciplina? Contestaremos a esta pregunta una vez que hayamos comparado El Origen de las Especies con el texto de Mendel.

Al referirnos páginas atrás a Mendel decíamos que su planteamiento había sido claro y no ambicioso. La claridad es contraria a la ambición, decíamos. Las preguntas de Mendel demostrando su humildad, eran directas: ¿Cómo se segregan determinados caracteres bien definidos en la primera generación de los híbridos? ¿Y en generaciones siguientes? Considerando dos caracteres, ¿lo hacen de forma independiente? Mendel no se preguntaba ¿Cómo se heredan los caracteres en animales y plantas? Lo cual es una cuestión demasiado general, confusa y por tanto difícil de contestar. Definir los presupuestos teóricos era algo esencial y previo a los experimentos de Mendel y en los trabajos de la Genética Bioquímica que mencionábamos a continuación. Proponemos también como tarea al lector que realice un análisis semejante en otros textos. El Origen de las Especies, como veremos enseguida, es una obra escrita sin la menor atención a los presupuestos teóricos. No pertenece a la Genética ni se adscribe dentro de ninguna otra disciplina científica. Podría argumentarse que efectivamente, no pertenece a disciplina alguna porque es la obra fundadora de la Evolución, pero para eso debería seguir los principios de rigor y honestidad necesarios, además de basarse en una serie de datos propios de la observación y de la experimentación. En las líneas siguientes veremos si El Origen de las Especies tiene derecho a encontrarse entre los ejemplos del pensamiento científico o si, por el contrario, pudiera ser ejemplo de otro tipo de escritura y en ese caso de cuál.

Aplicando un baremo semejante al que aplicábamos a la descripción de los experimentos de Mendel vemos que ahora el panorama es diferente. En primer lugar los objetivos son ambiciosos y se plantean con arrogancia: se trata de describir el Origen de las Especies, así en general. Sin especificar más. Sin definir: ¿animales?, ¿plantas?, ¿familias determinadas?, ¿alguna otra categoría taxonómica?, ¿casos concretos? No. El libro trata de todo eso y más: El Origen de todas las Especies. Sin definir siquiera a qué se refiere con origen y qué son las especies, tarea difícil puesto que Darwin no se toma la menor molestia en explicar qué son las categorías taxonómicas, y a menudo pretende confundir especie con variedad. Pero es que, como decía Dobzhansky en la frase que citábamos unos párrafos atrás, si hubiese una buena definición de especie, esto pondría en peligro al darwinismo. Volviendo a Mendel, entre otras características que permiten calificar como ejemplares sus experimentos, veíamos:

1. Referencia adecuada a sus predecesores: sus resultados y conclusiones principales con particular atención a la cuestión estadística o matemática.

2. Criterio de selección del material experimental: Características, ventajas y dificultades.

3. Ordenamiento de los experimentos y descripción metódica de los resultados

En lo que respecta a (1), es decir si El Origen de las Especies hace o no una referencia adecuada a sus predecesores, tenemos que contestar que no por varios motivos. En las primeras ediciones (1859, 1860, 1861 y 1866) muchos autores relevantes no estaban ni siquiera mencionados, error que se pretendió subsanar a partir de la quinta edición (1869) añadiendo a esta obra, antes de su introducción, el llamado *Historical Scketch*, borrador histórico, un recuento apresurado de autores a los que se había citado insuficientemente en las primeras ediciones (Cervantes, 2011). Con todo, muchos son los autores que quedan sin citar o que son citados de manera precipitada, sin darles el crédito debido ni hacer mención de su verdadera contribución, que en muchos casos es fundamental. Así el autor no tiene en cuenta a naturalistas de primera magnitud, por ejemplo a Linneo, a quien menciona sólo en comentarios anecdóticos y tampoco da el debido crédito a los autores dedicados a la Transformación de las Especies, en particular Lamarck, Blyth, Matthew o Trémaux.

El caso ya comentado arriba del libro de Hermann Hoffmann que Darwin leyó y citó y que contenía una referencia a la obra de Mendel, que Darwin jamás citó y que es casi seguro que conocía, es semejante al caso de Matthew. En el *Historical Scketch* al referirse a este autor indica:

> *In 1831 Mr. Patrick Matthew published his work on "Naval Timber and Arboriculture", in which he gives precisely the same view on the origin of species as that (presently to be alluded to) propounded by Mr. Wallace and myself in the "Linnean Journal", and as that enlarged in the present volume. Unfortunately the view was given by Mr. Matthew very briefly in scattered passages in an appendix to a work on a different subject, so that it remained unnoticed until Mr. Matthew himself drew attention to it in the "Gardeners' Chronicle", on April 7, 1860. The differences of Mr. Matthew's views from mine are not of much importance: he seems to consider that the world was nearly depopulated at successive periods, and then restocked; and he gives as an alternative, that new forms may be generated "without the presence of any mold or germ of former aggregates." I am not sure that I understand some passages; but it seems that he attributes much influence to the direct action of the conditions of life. He clearly saw, however, the full force of the principle of natural selection.*

En 1831, el Sr. Patrick Matthew publicó su trabajo sobre "Madera naval y Arboricultura", en el que da precisamente la misma opinión sobre el origen de las especies que (aludiremos actualmente) la propuesta por el Sr. Wallace y yo mismo en el "*Linnean Journal*", y ampliada en el presente volumen. Desafortunadamente, el Sr. Matthew dio su opinión muy brevemente en pasajes dispersos en un apéndice a un trabajo sobre un tema diferente, de modo que permaneció desapercibido hasta que el mismo Matthew llamó la atención en el "*Gardeners' Chronicle*", del 7 de abril de 1860. Las diferencias entre los puntos de vista de Matthew y los míos no son de mucha importancia: él parece considerar que el mundo estaba casi despoblado en períodos sucesivos, y después re-abastecido; y da como alternativa que se puedan generar nuevas formas "sin la presencia de ningún molde o germen de agregados anteriores". No estoy seguro de entender algunos pasajes; pero parece atribuir mucha influencia a la acción directa de las condiciones de vida. Sin embargo, vio claramente toda la fuerza del principio de la selección natural.

O sea que reconoce Darwin que Matthew había visto antes que él con toda su fuerza el principio de la selección natural. No es exacto que el trabajo de Matthew haya pasado desapercibido, puesto que el libro al que se refiere como *a work on a different subject* es el titulado *On Naval Timber and Arboriculture*, una obra de importancia capital para la Inglaterra del año en que fue publicado el libro (1831), puesto que la flota inglesa dependía del tema objeto de este tratado. La obra tuvo una buena difusión y fue leída por Darwin y citada por muchos de sus contemporáneos, con lo cual Darwin no está haciendo aquí otra cosa que intentar disimular y justificar un plagio como ha deducido de un análisis minucioso de la bibliografía de la época el Dr Sutton (2014). Pero esto no es todo: algo semejante a lo ocurrido con Matthew sucede también con la obra de Pierre Trémaux, de la cual Darwin tenía dos ejemplares en su biblioteca, de los que tomó algunas ideas sin citarlo ni siquiera en el *Historical Sketch* (Wilkins and Nelson, 2008), y también algo parecido ocurre con Blyth, autor que había descrito la posibilidad de cambios en las especies expresándose casi en los mismos términos que Darwin. Loren Eiseley (1979) ha aportado pruebas de que Blyth describió la formación de especies no sólo antes que Darwin, sino mejor que él, es decir de manera más concisa. Tanto la conservación del tipo correspondiente a una especie, como la formación de nuevas combinaciones y tipos mediante un proceso análogo a la selección, habían sido descritas por Blyth, a quien Darwin no cita adecuadamente en su obra. Blyth había descrito dos procesos diferentes: eliminación de desviaciones y creación de nuevas combinaciones. Cuando Darwin, apresuradamente, presenta su obra, no sólo omite citar adecuadamente el trabajo de Blyth, sino que confunde ambos procesos, para crear un fantasma semántico: la Selección Natural. Anteriormente, al tomar erróneamente la granja como modelo para la naturaleza, ya había confundido el concepto de selección, con el de mejora genética, la parte con el todo, en una metonimia, así sucesivamente a serie de figuras retóricas es larga y encubre una larga serie de errores (Cervantes y Pérez Galicia, 2015).

El preámbulo apresurado que es el *Historical Scketch* no sirve para dar una mención adecuada de cada uno de los autores, sino más bien para subrayar el hecho de que fueron ignorados en la redacción del libro. Por ejemplo, en la mayoría de las ocasiones en que Darwin se refiere directamente al trabajo de Lamarck, sus leyes, sus teorías o sus ejemplos no lo menciona como autor original de tales ideas y cuando lo menciona, como ocurre en el *Historical Scketch* es con la intención de denostarlo (Cervantes y Pérez Galicia, 2015). Por lo tanto y siguiendo el paralelismo con la obra de Mendel diríamos en conclusión que en El Origen de las Especies no hay una referencia adecuada a los antecedentes en la literatura científica.

Tampoco hay objetivos claramente definidos ni precisos como lo demuestra el propio título de la obra: Sobre el Origen de las Especies por medio de la Selección Natural o la Supervivencia de las Razas Favorecidas en la Lucha por la Vida. Con esa conjunción disyuntiva en medio, "o" como si fuese lo mismo lo que dice la expresión de la izquierda (Sobre el Origen de las Especies por medio de la Selección Natural) que la de la derecha (o la Supervivencia de las Razas Favorecidas en la Lucha por la Vida) no solo Darwin no define su finalidad en este libro sino que deja ver que su finalidad puede ser muy distinta que el análisis metódico de El Origen de las Especies, un tema que resulta imposible de analizar experimentalmente y muy difícil en base a observaciones para las que el autor carece de los medios necesarios. Queda abierta así la posibilidad de que el libro no trate sobre El Origen de las Especies sino sobre otra cosa que pronto veremos.

En cuanto a los puntos siguientes que habíamos aplicado ya a la obra de Mendel, y que están relacionados con el criterio de selección del material experimental y el ordenamiento de los experimentos y descripción metódica de los resultados, nuestro análisis terminará pronto puesto que ni un solo experimento se describe en El Origen de las Especies.

Podemos ahora indicar la importancia del segundo término de aquella disyuntiva que se presentaba en el título: Sobre el Origen de las Especies por medio de la Selección Natural o la Supervivencia de las Razas Favorecidas en la Lucha por la Vida. Puesto que efectivamente muchos de sus párrafos indican que el libro es un tratado de Eugenesia y que su objetivo es el expuesto en la expresión de la derecha: demostrar la Supervivencia de las Razas Favorecidas en la Lucha por la Vida. Racismo, supremacismo, la defensa de que unas razas se impongan impunemente a otras. Tal vez en esta dirección apunta ya la primera frase del libro cuando dice:

> *When on board H.M.S. Beagle, as naturalist, I was much struck with certain facts in the distribution of the organic beings inhabiting South America…*

> Cuando estaba como naturalista a bordo del Beagle, buque de la marina real, me impresionaron mucho ciertos hechos que se presentan en la distribución geográfica de los seres orgánicos que viven en América del Sur…

Una frase que en la primera edición era ligeramente diferente:

> When on board H.M.S. 'Beagle,' as naturalist, I was much struck with certain facts in the distribution of the inhabitants of South America…

> Cuando estaba como naturalista a bordo del Beagle, buque de la marina real, me impresionaron mucho ciertos hechos que se presentan en la distribución de los habitantes de América del Sur…

El autor nos deja en suspenso… ¿A qué hechos se refiere aquí? ¿Cuáles son esos hechos que habían impresionado al autor en su visita a Sudamérica? Pero unas páginas más adelante, al final de la introducción y después de haber reconocido abiertamente que su obra se inspira en la del economista Malthus, podemos leer:

> *Who can explain why one species ranges widely and is very numerous, and why another allied species has a narrow range and is rare? Yet these relations are of the highest importance, for they determine the present welfare and, as I believe, the future success and modification of every inhabitant of this world.*

> ¿Quién puede explicar por qué una especie se extiende mucho y es numerosísima y por qué otra especie afín tiene una dispersión reducida y es rara? Sin embargo, estas relaciones son de suma importancia, pues determinan la prosperidad presente y, a mi parecer, la futura fortuna y variación de cada uno de los habitantes del mundo.

Lo cual aumenta nuestras sospechas de que efectivamente no estamos ante una obra de Historia Natural, sino de Economía o de Política. El libro trata de las condiciones que hacen posible la prosperidad de una raza para que sobreviva mientras otra se extingue. Una preocupación constante del autor que no tiene relación ninguna con la ciencia surge ya como objetivo importante en la introducción, inesperadamente: la futura fortuna y variación de cada uno de los habitantes del mundo. Pero en ocasiones llega a ser todavía más explícito. Así en el capítulo segundo:

> *…for, as varieties, in order to become in any degree permanent, necessarily have to struggle with the other inhabitants of the country, the species which are already dominant will be the most likely to yield offspring, which, though in some slight degree modified, still inherit those advantages that enabled their parents to become dominant over their compatriots.*

> …pues como las variedades, para hacerse en algún modo permanentes, necesariamente tienen que luchar con los otros habitantes de su país, las especies que son ya predominantes serán las más aptas para producir descendientes, los cuales, aunque modificados sólo en muy débil grado, heredan, sin embargo, las ventajas que hicieron capaces a sus padres de llegar a predominar entre sus compatriotas.

Y más adelante al principio del capítulo 4:

> *But in the case of an island, or of a country partly surrounded by barriers, into which new and better adapted forms could not freely enter, we should then have places in the economy of nature which would assuredly be better filled up if some of the original*

inhabitants were in some manner modified; for, had the area been open to immigration, these same places would have been seized on by intruders. In such cases, slight modifications, which in any way favoured the individuals of any species, by better adapting them to their altered conditions, would tend to be preserved; and natural selection would have free scope for the work of improvement.

Pero en el caso de una isla o de un país parcialmente rodeado de barreras, en el cual no puedan entrar libremente formas nuevas y mejor adaptadas, tendríamos entonces lugares en la economía de la naturaleza que estarían con seguridad mejor ocupados si algunos de los primitivos habitantes se modificasen en algún modo; pues si el territorio hubiera estado abierto a la inmigración, estos mismos puestos hubiesen sido cogidos por los intrusos. En estos casos, modificaciones ligeras, que en modo alguno favorecen a los individuos de una especie, tenderían a conservarse, por adaptarlos mejor a las condiciones modificadas, y la selección natural tendría campo libre para la labor de perfeccionamiento.

Párrafos que recuerdan a las declaraciones que el Mayor Chivington, del Primer Regimiento de Voluntarios de Colorado (*Colorado Volunteer Regiment*), hizo en agosto de 1864, es decir cuando ya se habían imprimido tres ediciones de El Origen de las Especies:

Los Cheyennes serán severamente castigados -o completamente eliminados - antes de que se queden callados. Yo digo que si algunos de ellos son sorprendidos en su área, lo único que se puede hacer con ellos es matarlos.

O a la frase que, dos años después, es decir cuando ya se había imprimido la cuarta edición de El Origen de las Especies, el General Sherman incluía en una carta dirigida al General Grant el 28 de diciembre de 1866:

We must act with vindictive earnestness against the Sioux, even to their extermination, men, women and children. Nothing less will reach the root of this case.

Debemos actuar con una seriedad vengativa contra los sioux, hasta su exterminio, hombres, mujeres y niños. Nada menos llegará a la raíz de este caso.

Hemos visto que el Origen de las Especies carece de los aspectos fundamentales de toda obra científica (claridad, rigor, reconocimiento de sus predecesores, observación y experimentación adecuadas…) y que además contiene una peligrosa doctrina social: La Eugenesia. Nuestro análisis ha revelado que la obra utiliza numerosos recursos que son propios, no de la escritura científica, sino de la Épica. Así ocurre con la gran cantidad de figuras retóricas y de atributos y también con una serie de temas recurrentes o elementos retóricos típicos como el del único superviviente, la lucha por la vida o el árbol genealógico (Cervantes y Pérez Galicia, 2015). Como toda obra épica El Origen de las Especies no se dirige a ampliar conocimientos sino a conmover al lector y a alterarlo, más allá de toda evidencia, en su *pathos*, en sus creencias. El Origen de las Especies tiene como principal objetivo que el lector pueda interpretar a la naturaleza sin necesidad de invocar una figura divina, la

26

imagen de un Creador. A tal fin el autor expresa su intención al final de la introducción:

> *I can entertain no doubt, after the most deliberate study and dispassionate judgment of which I am capable, that the view which most naturalists until recently entertained, and which I formerly entertained—namely, that each species has been independently created—is erroneous.*

> Puedo mantener sin duda, después del estudio más deliberado y el juicio más desapasionado de los que soy capaz, que la opinión que la mayoría de los naturalistas han mantenido hasta hace poco, y que yo he mantenido anteriormente, a saber- la creación independiente de cada especie- es errónea.

Pero según su costumbre no define ni creación ni especie sumergiéndose así en un juego constante de contradicciones que hace de la Selección Natural la única fuerza necesaria para explicar la naturaleza, aludiendo a una divinidad de manera ambigua y contradictoria hasta un párrafo exuberante al final de la obra en el que podemos leer, entre otras, esta maravilla:

> *Thus, from the war of nature, from famine and death, the most exalted object which we are capable of conceiving, namely, the production of the higher animals, directly follows.*

> Así, desde la guerra de la naturaleza, del hambre y de la muerte, el objeto más elevado que somos capaces de concebir, a saber, la producción de los animales superiores, se sigue directamente.

La obra es importante como base científica de muchos regímenes políticos por dos motivos: Primero, porque puede explicar la variación en la naturaleza sin invocar otra divinidad ni inteligencia que la Lucha por la vida y la Selección Natural, y Segundo, porque utiliza el lenguaje de una manera abusiva y arbitraria, llena de ambigüedad y de contradicción, lo cual conviene también a un régimen político basado en el absolutismo. El Origen de las Especies contribuye al establecimiento y mantenimiento de regímenes políticos supuestamente democráticos, pero capitalistas como en Occidente y también, a pesar de su contenido en Eugenesia, sirvió de modelo ideológico en el régimen estalinista.

6. La herencia genocéntrica: la barrera somático-germinal de August Weismann

Poco después del fenómeno Darwin, se especulaba que el protoplasma (citoplasma) debía contribuir de manera fundamental en los fenómenos de la herencia. Ya anteriormente, Huxley se refería al protoplasma como base fundamental del inicio de la vida y para la transmisión de los caracteres a las células germinales siguiendo la teoría de la pangénesis de Darwin (Armon, 2010, Gliboff, 2002). Haeckel consideraba que el protoplasma contenía la memoria histórica del soma que transfería a las células germinales los caracteres adquiridos (Gliboff, 2002). Por el contrario, August Weismann (1834-1914) propuso la hipótesis de la barrera somático-germinal para defender la existencia de una diferencia absoluta entre las células somáticas y las células germinales, cuyos contenidos nunca podrían mezclarse; esto es, que el contenido del soma nunca se traslada a la sustancia de la herencia que descansaba en el núcleo de la línea germinal intacta desde tiempos inmemoriales. Tal propuesta reforzaba dramáticamente y sin titubeos la tesis de la selección natural en el sentido de que los organismos ya vienen con sus rasgos de manera predeterminada. Por supuesto fue necesario dar una nueva denominación a la teoría evolutiva de Darwin redefiniéndola con el título de neodarwinismo (Gliboff, 2002). Nada podría sostener mejor y apoyar con más fuerza a las teorías racistas y supremacistas que el hecho de que las razas superiores, caucásicas, arias o como quiera que se llamen, tengan en sus cromosomas un material precioso y blindado ante la posible intrusión de elementos extraños. Así, aunque la herencia citoplásmica tome mayor relieve a principios del siglo XX, no obstante ya entonces se tenía contemplado como de mayor peso la tesis de Weismann y de otros científicos en el sentido de que los cromosomas son las estructuras donde con mayor probabilidad se asentaban los determinantes hereditarios.

7. Las ideas de Thomas Hunt Morgan: un genético clásico o formal se asoma a la evolución

Antes de ver la crítica de Lysenko a los Morganistas-mendelistas será bueno saber qué diría Morgan para disgustar tanto a Lysenko. Conviene no obstante estar ya advertido. Las molestias de Lysenko con Morgan se deberán a que éste escribe de manera dogmática o política y no científica. Las afirmaciones objetivas y basadas en demostraciones, como las que veíamos por ejemplo en los experimentos de Mendel, no tienen la capacidad de incomodar a nadie. Si Morgan ha molestado a Lysenko es porque en algún momento ha entrado en política. Ahora bien puede que Lysenko no se dé cuenta de que el origen de su molestia no es que Morgan ha entrado en política, sino que le está revelando que él mismo ha entrado también en política. Veremos.

Thomas Hunt Morgan (1866-1945) recibió el Premio Nobel en 1933 por sus trabajos encaminados a ver cómo los genes, las moléculas que contienen la información para los caracteres, se encuentran organizados en los cromosomas y son transmitidos a la descendencia. Descubrió asimismo el proceso de sobre-cruzamiento (*crossing-over*) mediante el cual fragmentos de diferentes cromosomas pueden unirse durante la meiosis.

Morgan es, por lo tanto, heredero de la tradición de Mendel. Ambos son científicos, y aplican meticulosamente sus métodos para intentar responder cuestiones precisas. No está claro por qué en la mitad de su trayectoria Morgan se decidió a escribir el libro titulado *A Critique of the Theory of Evolution* (Morgan, 1916), con lo cual estaba entrando en un terreno que iba mucho más allá de la genética que el dominaba. El libro comienza con una advertencia a quienes pretenden saber mucho de la Teoría de la Evolución:

> *Occasionally one hears today the statement that we have come to realize that we know nothing about evolution. This point of view is a healthy reaction to the over-confident belief that we knew everything about evolution.*

> Ocasionalmente uno oye la sentencia que dice que hemos llegado a darnos cuenta de que no sabemos nada acerca de la evolución. Este punto de vista es la reacción saludable a la creencia sobre-confiada de que conocemos todo acerca de la evolución

Como veremos más adelante la crítica de la Teoría de la Evolución sin duda, molestó a Lysenko. Con indudable ironía se refiere Morgan a la Paleontología:

> *My good friend the paleontologist is in greater danger than he realizes, when he leaves descriptions and attempts explanation. He has no way to check up his speculations and it is notorious that the human mind without control has a bad habit of wandering.*

> Mi buen amigo, el paleontólogo está en un peligro mayor de lo que piensa, cuando abandona las descripciones e intenta la explicación. Él no tiene manera de comprobar sus especulaciones y es notable que la mente humana sin control tiene la mala costumbre de divagar.

Presenta así pronto la diferencia entre una ciencia experimental: la Genética y una ciencia especulativa: la Evolución. Pero pronto cae él asimismo en los terrenos de la especulación. Así por ejemplo:

> *We must find out what natural causes bring about variations in animals and plants; and we must also find out what kinds of variations are inherited, and how they are inherited. If the circumstantial evidence for organic evolution, furnished by comparative anatomy, embryology and paleontology is cogent, we should be able to observe evolution going on at the present time, i.e. we should be able to observe the occurrence of variations and their transmission. This has actually been done by the geneticist in the study of mutations and Mendelian heredity, as the succeeding lectures will show.*

> Debemos encontrar qué causas producen la variación en animales y en plantas. También debemos encontrar qué variaciones se heredan y cómo. Si la evidencia circunstancial de la evolución orgánica, procedente de la anatomía comparada, la embriología y la paleontología es coherente, entonces debemos ser capaces de observar la evolución en el presente, por ejemplo, seremos capaces de ver la ocurrencia de variaciones y su transmisión. Esto lo ha hecho el genético mediante el estudio de las mutaciones y de la herencia mendeliana, como las lecciones que siguen mostrarán.

Porque si está claro que hay cosas que ciertamente se han hecho en Genética como ver la ocurrencia de variaciones y su transmisión también es cierto que otras de las cosas que propone aquí Morgan ni se han hecho ni se harán, como observar la evolución en el presente, tarea difícil puesto que si algo es observado en el presente, entonces eso no es evolución. Una cosa será lo que haya hecho el genético mediante el estudio de las mutaciones y otra, bien distinta, lo que haya podido ocurrir en el pasado remoto y extrapolar los resultados de lo primero al terreno de lo segundo puede ser una fuente de errores. La Genética puede ayudar para el estudio de la evolución, pero la evolución no es necesaria para estudiar los mecanismos de la herencia. Theodosius Dobzhansky (1900-1975) fue uno de los científicos más críticos con Lysenko en USA (De Jong-Lambert, 2013) y, sin embargo, en los fundamentos teóricos de ambos hay un mismo punto de partida: la evolución por selección natural. En una conocida frase, (*en biología nada tiene sentido si no se considera a la luz de la evolución*) Dobzhansky otorga un papel fundamental a la evolución que no le corresponde, y no es aplicable a la Genética (en Genética muchas cosas tienen sentido aunque no se consideren a la luz de la evolución, por ejemplo las leyes de Mendel). La Genética podría aportar resultados valiosos para entender la evolución mientras que la frase recíproca no es cierta: La evolución no suministra apenas datos para entender la herencia. Morgan, un científico experimental, se ha metido en terrenos complicados al hablar de evolución. Ha leído el Origen de las Especies y no es partidario del lenguaje darwinista abundante en expresiones de competición y lucha:

> *Evolution from this point of view has consisted largely in introducing new factors that influence characters already present in the animal or plant. Such a view gives us a somewhat different picture of the process of evolution from the old idea of a ferocious struggle between the individuals of a species with the survival of the fittest and the annihilation of the less fit. Evolution assumes a more peaceful aspect.*

> La evolución desde este punto de vista ha consistido principalmente en introducir factores nuevos que influyen en los caracteres presentes en animales y plantas. Esta visión nos da un cuadro diferente del proceso de evolución de la vieja idea de una lucha feroz entre individuos de una especie con la supervivencia de los más aptos y la aniquilación de los menos adaptados. La evolución toma un aspecto más pacífico.

Lástima que no lleve el análisis del lenguaje hasta el extremo de encontrar el error de confundir selección con mejora que es previo al concepto de Selección Natural (Cervantes y Pérez Galicia, 2015). Demuestra así un punto de vista menos dogmático que Darwin y no obstante, espera poder trasladar su teoría del gen a los fenómenos evolutivos. Tarea difícil en una época en que los genes eran poco más que una ficción, un vago concepto, pero como decimos, el trazo iniciado por él junto a lo dicho por Mendel, permitía inferir que existían partículas que se segregan sin contaminarse a las cuales se les dio el nombre de genes. Los genes para Morgan, y siguiendo los mecanismos mendelianos, eran la forma esencial por la cual se heredan los caracteres; sus mutaciones podrán generar nuevas especies.

The evidence shows clearly that the characters of wild animals and plants, as well as those of domesticated races, are inherited both in the wild and in the domesticated forms according to Mendel's Law (p. 198). Evolution has take place by the incorporation into the race of those mutations that are beneficial to the life and reproduction of the organism. Natural selection as here defined means both the increase in the number of individuals that results after a beneficial mutations has ocurred (owing to the ability ofliving matter to propagate) and also that this preponderance of certain kinds of individuals in a populations makes some further results more probable than others. More than this, natural selection can not mean, if factors are fixed and are not changed by selectió (Morgan, 1919. p. 194).

Las pruebas muestran claramente que los caracteres de los animales y plantas silvestres, así como aquellos de las razas domesticadas, se heredan tanto en la naturaleza como en las formas domesticadas según la Ley de Mendel (p. 198). La evolución tiene lugar por la incorporación en la raza de aquellas mutaciones que son benéficas para la vida y la reproducción del organismo. La selección natural tal como aquí se define significa que tanto el aumento en el número de individuos que se produce luego de que una mutación benéfica ha ocurrido (debido a la capacidad de propagación de la materia viviente) como también de que esta preponderancia de ciertos tipos de individuos en una población hace que algunos resultados adicionales sean más probable que otros. Más que esto, la selección natural no puede significar, que los factores sean fijos sino cambiantes a través de la selección (Morgan, 1919. p. 194).

Sin entrar en la manera como se generen las mutaciones, que es otro de los paradigmas darwinianos (el dogma de la mutaciones al azar) todo esto parece un conjunto de afirmaciones altamente aventuradas, o por decirlo en inglés *wishful thinking*. O como el mismo dice en la página 31 de su libro:

But if this is the answer we have passed at once from the realm of observation to the realm of fancy

Pero si esta es la respuesta, hemos pasado inmediatamente del reino de la observación al reino de la fantasía

Y es que, efectivamente, a lo largo de su texto dedicado a la crítica de la Teoría de la Evolución, Morgan nos tiene constantemente saltando entre ambos mundos, el de la realidad y el de la fantasía. La crítica es certera cuando se dirige a algunos aspectos dogmáticos del darwinismo, como veíamos en el caso de la exaltación de la lucha y de la competición, pero se queda corta cuando evita entrar en el núcleo de la cuestión: ¿En qué se basa la teoría de la evolución? ¿Tiene algún apoyo experimental o se trata más bien de juegos de palabras? Morgan cae en el cientifismo y expone posibles explicaciones sin fundamento alguno. Por ejemplo, no sabemos de dónde puede haber salido esa idea tan extendida de que las mutaciones benéficas están en el origen de la evolución cuando las mutaciones que él y su grupo estudian en el laboratorio ni son benéficas ni están en el origen de evolución alguna. ¿Por qué este empeño, no sólo por hablar de evolución, tema que desconoce, sino por plantear él mismo hipótesis sin fundamento? No lo sabemos y nos parece verdaderamente una cuestión digna del mayor interés. ¿Por qué un científico consumado en el área de la Genética pone tanto empeño en discutir sobre una disciplina de la que no conoce prácticamente nada? Lo que queda demostrado es que todo esto está en relación con el ensalzamiento de la figura de Darwin. Así cuando dice:

> *Darwin appealed to chance variations as supplying evolution with the material on which natural selection works. If we accept, for the moment, this statement as the cardinal doctrine of natural selection it may appear that evolution is due, (1) not to an orderly response of the organism to its environment, (2) not in the main to the activities of the animal through the use or disuse of its parts, (3) not to any innate principle of living material itself, and (4) above all not to purpose either from within or from without. Darwin made quite clear what he meant by chance. By chance he did not mean that the variations were not causal. On the contrary he taught that in Science we mean by chance only that the particular combination of causes that bring about a variation are not known. They are accidents, it is true, but they are causal accidents.*

Darwin apeló a las variaciones casuales como fuente de evolución con el material sobre el cual funciona la selección natural. Si aceptamos, por el momento, esta afirmación como la doctrina cardinal de la selección natural, puede parecer que la evolución se debe 1) No a una respuesta ordenada del organismo a su medioambiente, 2) Ni en lo principal a las actividades del animal por el uso o el desuso de las partes, 3) A ningún principio innato en la propia materia viva, y 4) Principalmente a ningún propósito desde el interior del organismo ni fuera de este. Darwin fue completamente claro con lo que quiso decir por casualidad. Por casualidad no supuso que las variaciones no eran causales. Al contrario enseñó que en la ciencia suponemos por casualidad que una combinación particular de causas que no se conocen generan una variación. Son accidentes, es verdad, pero son accidentes causales (Morgan, 1919. p. 37).

Demostrando aquí Morgan aspectos que constituyen más una maniobra política que argumentos científicos. Así: 1) Que quiere ensalzar, proteger a -cubrir las espaldas de- Darwin y 2) Que no lo había leído con atención. La prueba de 1) es que no parece que Darwin haya explicado la diferencia entre causalidad y casualidad de la manera en que lo hace Morgan y si así lo hubiese hecho lo adecuado habría sido dar la referencia adecuada y la prueba de 2) es que Darwin, en el cuarto párrafo del capítulo cuarto del Origen de las Especies dice:

> *We have good reason to believe, as shown in the first chapter, that changes in the conditions of life give a tendency to increased variability; and in the foregoing cases the conditions the changed, and this would manifestly be favourable to natural selection, by affording a better chance of the occurrence of profitable variations. Unless such occur, natural selection can do nothing.*

Tenemos buen fundamento para creer, como se ha demostrado en el capítulo tercero, que los cambios en las condiciones de vida producen una tendencia a aumentar la variabilidad, y en los casos precedentes las condiciones han cambiado, y esto sería evidentemente favorable a la selección natural, por aportar mayores probabilidades de que aparezcan variaciones útiles. Si no aparecen éstas, la selección natural no puede hacer nada.

O sea que, según Darwin las variaciones aparecen en respuesta a cambios ambientales (lo cual es una idea que procede, como tantas cosas, de Lamarck y que no parece ser simpática a Morgan).

Para Morgan el núcleo es el principal determinante biológico en la cuestión de la herencia y el mecanismo es uniforme; esto es, los procesos observados en el laboratorio serían los mismos que rigen la evolución. Lo mismo que Darwin había tomado a la granja como modelo, ahora Morgan toma al laboratorio de genética como el modelo, no de la herencia que era correcto en sus experimentos, sino como el modelo de la evolución en la naturaleza, lo cual es un disparate, una falacia por generalización indebida. Morgan se muestra así Procrustiano como Darwin. Procrusto, o Procrustes era aquel personaje de la mitología griega que tenía dos camas para acomodar a sus huéspedes: Una cama corta en la que acomodaba a los grandes contándoles las piernas y una cama larga en la que acomodaba a los pequeños estirándolos. El mito es un paradigma del dogmatismo y lo mismo que Darwin a la fuerza acaba explicando la evolución según lo que él ve en la granja, Morgan la explica ahora según lo que él observa en el laboratorio de Genética.

La diferencia con Darwin es que Morgan sí tiene una perspectiva científica y amplia experiencia en la experimentación en Genética y por lo tanto sorprende más esta postura dogmática para explicar la evolución sin fundamento alguno. Otra prueba de que esto es una actitud artificial y política es que Morgan, quien como vemos es misteriosamente favorable a Darwin, es asimismo misteriosamente contrario a Lamarck. En el discurso de recepción del Premio Nobel dice:

> *Owing to genetic knowledge, medicine is today emancipated from the superstition of the inheritance of maternal impressions: it is from from the myth of the transmission of acquired characters, and in time the medical man will absorb the genetic meaning of the role of internal environment in the coming to expression of genetic characters.*

> Gracias al conocimiento genético, la medicina está hoy emancipada de la superstición de la herencia de las impresiones maternas: es a partir del mito de la transmisión de los caracteres adquiridos, y con el tiempo el médico absorberá el significado genético del papel del ambiente interno en la llegada a la expresión de los caracteres genéticos.

Morgan, que tenía una trayectoria sólida en Genética, se arriesga para hablar de Evolución y mantener en pie la figura de Darwin. Le cuesta y apenas puede hacerlo porque no encuentra qué defender en los textos de Darwin, pero cuando con sus experimentos encuentra algo que es contrario a Darwin, se las arregla para ponerlo a salvo y atribuir a Lamarck las cuestiones incómodas. Esto sirve para denostar a Lamarck y dejarlo como proscrito, del mismo modo que hiciera Weismann, sin considerar que las opiniones de Lamarck son las de Darwin en cualquier aspecto científico. Pero el objetivo principal está en ambos casos conseguido: salvar a Darwin. Incluso parece que Morgan hubiese escrito su libro sobre Evolución con esta única finalidad.

A partir de la combinación de sus experimentos con este libro, Morgan ha conseguido un efecto que es el que puede incomodar a Lysenko: Que el lector distinga entre la ciencia de la Genética, basada en el método experimental y en la honestidad por un lado; y la política de la evolución, basada en mantener una figura por encima de todo y contra toda evidencia. La conclusión, para Lysenko, no puede ser otra que denostar a Morgan y a la Genética, puesto que para él la evolución es dogma. La Genética queda arrinconada en la tesis genocéntrica, Lamarck carga con la culpa de Darwin y es denostado por Morgan pero ensalzado, como veremos pronto, por Lysenko.

Con el tiempo emergen nuevos personajes que defienden a capa y espada la tesis genocéntrica de Morgan como Francois Jacob (1920-2013), Salvador Luria (1912-1991) y Max Delbruck (1906-1981). Serán futuros premios Nobel al proponer las bases del neodarwinismo soñado por Weismann con la negación de cualquier tipo de evidencia lamarckiana lo que incluyó al Lisenkeismo (Monod, 1989). Sin duda, Weismann y Morgan son los iniciadores del genocentrismo biológico característico del panorama de la Genética occidental. Muchos años después, las tesis lamarckistas serán recuperadas, pero en un largo periodo permanecerán aisladas en la URSS y asociadas con un punto de vista contrario a las principales tesis genéticas y de gran carga política.

8. El panorama en la URSS

En su libro titulado *The Lysenko effect (The politics of Science)* Nils Roll-Hansen (2005) indica que la lealtad al darwinismo era una cuestión clave para la verdad científica en Genética (p. 218). [3] Esto se explica en parte por el llamado Criterio práctico de la verdad, un concepto muy importante para el régimen estalinista, que consiste en que una teoría será verdadera si conduce al éxito en la práctica (p. 82). Se refiere entonces el autor a la situación en la URSS cuando, en 1937, el presidente de la Academia de Ciencias, Vladimir Leontievich Komarov (1869–1945), explicó en una presentación ante la editorial estatal de Agricultura, la gran importancia de los trabajos de Darwin y de Timiriazev, a pesar de reconocer que el conocimiento general de los libros de Darwin era escandalosamente pobre. En el mismo entorno, el Comisario de Agricultura Yakov Yakovlev (1896-1938), presentó en su discurso una polémica frente a la situación de anti-darwinismo de la biología contemporánea. Para él la genética mendeliana era incompatible con el darwinismo, y por otro lado la vinculaba con la eugenesia, deshaciendo así todo vínculo entre darwinismo y eugenesia. El panorama había dado un giro de 180 grados y los experimentos de Mendel que, como veíamos son paradigma de la Ciencia, habían pasado para Yakovlev y con la ayuda de Morgan, al terreno de la política, mientras que la obra de Darwin, una obra de la épica y de la política, era para él ahora modelo de la ciencia.

---

[3] En este capítulo y en los dos siguientes se indican entre paréntesis las páginas de este libro en donde se encuentra la información citada

El Origen de las Especies se había impuesto desde las capas superiores de la jerarquía del Partido como referencia inamovible, como dogma para la ciencia. Aunque a primera vista podría parecer que los criterios científicos del Partido eran completamente diferentes de las tesis darwinistas, esto sería un error de apreciación. El principio que regía ambos, comunismo y darwinismo, era el mismo: la ambigüedad. Por eso, lo mismo que Darwin podría explicar la naturaleza indistintamente mediante un Dios o mediante la Selección Natural, según quien fuese su interlocutor, igualmente una autoridad del Partido podría defender algo como ejemplo de ciencia o como lo contrario ya que el criterio vigente para discriminar algo como científico era el llamado criterio práctico de la verdad, es decir que toda teoría es válida si conduce a un éxito aplicado. Lo cual es ambiguo puesto que, como nos recuerda muy bien Roll Hansen en su libro (p. 82) éxito aplicado puede ser confirmación experimental, realización práctica, facilidad técnica, eficiencia económica y principalmente, victoria política. Es decir, cualquier cosa. Lo importante es disponer de un lenguaje que sirva a los fines de la autoridad y esto lo proporciona con gran eficacia el darwinismo.

Así, en la URSS la doctrina darwinista era el dogma imperante por dos motivos principales: 1) Su ambigüedad, la capacidad de imponer una neolengua al servicio de la autoridad y 2) Su defensa del ateísmo. Este sistema era el caldo de cultivo para que un joven con energía y ambición pudiera subir hasta los niveles más altos del escalafón, pero para ello convenía asimismo que el sistema estuviera aislado del exterior.

9. ¿Por qué el Congreso Internacional de Genética no se celebró en Moscú?

Nicolai Vavilov (1887-1943) había sido vice-presidente de la Academia Lenin de Ciencias Agrarias desde su fundación y su presidente desde unos meses después, todavía en 1929, hasta Febrero de 1938, fecha en que Lysenko tomó la dirección. Durante estos años Vavilov trabajó sobre los centros de origen y la dispersión de las plantas cultivadas. Formó el principal banco de germoplasma del mundo para lo cual dirigió y participó en varias expediciones científicas y participó en dos congresos internacionales de Genética: el de 1927 en Berlín y el de 1932 en Ithaca (Nueva York). Hizo gestiones para que el siguiente congreso internacional de Genética se organizase en Moscú y estuvo a punto de conseguirlo, pero la tarea encontró una fuerte oposición por parte de las autoridades académicas soviéticas quienes, en una comisión encabezada por Komarov, vicepresidente de la Academia de Ciencias entre 1930 y 1936 y presidente entre 1936 y 1945, ponían como condición que la teoría racial e incluso la genética humana fuese excluida del Congreso (Roll Hansen, pp 237-238). El control político iba estrechando su círculo en torno a la Genética y en una conferencia mantenida en el Ministerio de Agricultura en 1939 el mendelismo fue ridiculizado. El responsable de la producción de semillas de élite, Eikhfel'd indicó que el futuro de la mejora vegetal y la producción de semillas se basaría en el Darwinismo y el Michurinismo, un punto de vista apoyado por el Ministro de Agricultura. Desde posiciones ya marginales, Vavilov y Zhebrak defendieron la genética clásica. Para resolver dudas sobre la fidelidad de Lysenko al darwinismo se organizó otra conferencia entre los días 7 y 14 de octubre de 1939 en Moscú organizada por el Comité Editorial de la Revista *Under the Banner of Marxism*. El informe al Comité Central fue presentado por Mitin, un filósofo, director del Instituto de Filosofía de la Academia de Ciencias. Los argumentos filosóficos e ideológicos dominaban más que en ocasiones anteriores. La defensa de Vavilov de la teoría cromosómica y de la distinción entre genotipo y fenotipo constituyó parte del debate con Lysenko. Serebrovskii, un genético que ya en 1926 había propuesto la necesidad de una elección entre mendelismo y lamarckismo, en respuesta a Iudin, filósofo del comité editorial de la revista, indicó que idealistas son los que no entienden el papel director de la Selección Natural en la Evolución, dejando así claro que quienes no supiesen utilizar el lenguaje de la manera políticamente requerida, quedaban fuera del juego de la Ciencia. Las teorías metafísicas, como el mendelismo quedaban confinadas al terreno del idealismo. Un resumen de la conferencia se envió al Comité Central.

10. Lysenko

El resumen de la biografía de Lysenko que sigue a continuación está tomado en su mayor parte del libro *"The Lysenko effect"* de Nils Roll Hansen (2005). Hacia 1936-37 Trofim Denísovich Lysenko (1898-1976) se había convertido en un símbolo de la ciencia proletaria en la URSS. Hijo de campesinos en la provincia ucraniana de Poltava, había aprendido a leer y escribir con trece años. En 1918 ingresó en la escuela de jardinería de Umansk y en 1922 fue nombrado Especialista Senior en la estación de selección Belaia Serkov de la industria azucarera, desde donde combinó el trabajo de mejora con estudios en el instituto Agrícola de Kiev, obteniendo un Grado en Agronomía en 1925. Lysenko publicó algunos artículos de agronomía y en 1925 comenzó su trabajo en la Estación Experimental de Gandzha en Azerbayán. Un artículo del diario *Pravda* de 1927 se refería a él como el "Profesor descalzo" (*barefoot professor*, p 56) y siempre a lo largo de su carrera y de acuerdo con la ideología del Partido destacó la importancia de la utilidad práctica del trabajo científico. En 1927 Vavilov, entonces director del VIR (Instituto de Industria Vegetal de toda la Unión) en Leningrado, se interesó por el trabajo de Lysenko, pero no le ofreció un puesto en el VIR por la oposición de Nikolai Maksimov, quien opinaba que Lysenko carecía de la formación teórica precisa. Una de las principales publicaciones de Lysenko es el libro titulado *Effects of the termal factor on the duration of phases in the development of plants* (1928), con el que contribuía a una teoría sobre la dependencia de la temperatura en el crecimiento. Su trabajo estaba basado en el de Gavril Zaitsev (1887-1929), director del grupo de investigación sobre algodón en el VIR. El libro contenía datos originales y mostraba su aplicación en la predicción del comportamiento de las plantas en distintas condiciones de temperatura, lo cual podría servir para escoger las variedades adecuadas en cada región y no obstante presenta debilidades que revelan la falta de una sólida formación teórica, así como por ejemplo cuando menciona: "La coincidencia de los datos teóricos con observaciones factuales es casi completa".

En su conferencia titulada "Control fisiológico de la longitud del periodo vegetativo" pronunciada en el Congreso de Genética, Mejora Vegetal, Producción de Semillas y Cría de Ganado, celebrado en Leningrado en Enero de 1929, el director del laboratorio de Fisiología en el VIR, Nikolai Maksimov (1880-1952), se refirió al trabajo de Lysenko, mencionando en particular el interés por formular una ley cuantitativa que relacione la temperatura con el desarrollo. En el mismo día Lysenko presentó el trabajo "Sobre la Naturaleza de las Plantas Anuales de Invierno" y Maximov participó en la discusión. Entre otras cosas Lysenko proponía una separación entre crecimiento y desarrollo así como la importancia de un periodo frío para la floración. Maximov sugería en uno de sus trabajos que era posible, mediante un tratamiento en frío de la plántula germinada, sembrar cereal de invierno en primavera y que en realidad esto era conocido antiguamente pero que se había perdido la costumbre. Lysenko comenzaba entonces su carrera.

Stalin proclamó a 1929 como el año de la gran ruptura. La revolución que se había ralentizado en los primeros años de la década de los -20 volvía a cobrar velocidad. Dos nuevos esquemas económicos representaban el ímpetu de la revolución: La industria pesada y la colectivización de la agricultura. La Ciencia reclamaba cambios y de acuerdo con Nicolai Ivánovich Bukharin (1888-1938), miembro del Buró Político del Comité Central del Partido Comunista de la Unión Soviética entre 1024 y 1929, era necesario "romper con el viejo academicismo".

En Abril de 1931, en la Conferencia para la Planificación de la Ciencia, Vavilov describió cómo se había renovado el sistema mediante el establecimiento de la Academia de Ciencias Agrícolas Lenin (VASKhNIL). Desde la dirección Vavilov promovió la recolección y colección de semillas y el estudio de la biodiversidad en plantas de interés agrícola fiel al principio de que el éxito económico es el criterio para la calidad de la ciencia. A partir de 1930, las intrigas políticas comienzan a ser abundantes en el Instituto Vavilov de la Industria Vegetal (VIR), uno de los principales centros de VASKhNIL. Vavilov se queja en una carta a Iacolev, Jefe de Agricultura del Partido, de que las autoridades políticas han impedido que vaya acompañado al Congreso Internacional de Genética de 1932 en Ithaca (NY, USA). Vavilov se ve obligado a ir solo a pesar de que otros representantes de la genética soviética tenían participación prevista. Comienzan así los problemas para que el siguiente congreso Internacional de Genética tenga lugar en Moscú. En 1933, en una carta a Tulaikov, director del Instituto de Saratov, Vavilov expresa su preocupación por la expulsión de muchos expertos a la vez que aumentan los puestos administrativos. Vavilov deseaba una mayor independencia del Ministerio de Agricultura. Es entonces cuando Vavilov confía en Lysenko para impulsar el desarrollo de la investigación en Fisiología.

A la vez que tenía lugar un cambio en la organización del VASKhNIL, la importancia de Lysenko dentro de la institución aumentaba y en una conferencia en el Segundo Congreso de Trabajadores de las Granjas Colectivas, el 14 de Febrero de 1935 recibe las felicitaciones de Stalin (p. 92). Ya entonces sus trabajos sobre la vernalización servían como ejemplo al Partido del valor de la investigación agrícola aplicada a pesar de que es muy difícil valorar su calidad entre otras cosas porque, al tratarse a menudo de experimentos a gran escala en muchas hectáreas de granjas a lo largo de todo el territorio de la URSS es muy difícil seguir el desarrollo preciso de sus protocolos y resultados e imposible reproducirlos. No obstante su complejidad, o precisamente gracias a ella, los trabajos sobre vernalización permitieron a Lysenko tener una postura sólida a la hora de la confrontación entre dos grupos que tuvo lugar en el Congreso de VASKhNIL de diciembre de 1936. Ya al comenzar el Congreso el presidente Aleksander Muralov, que continuaba la labor de Vavilov en la presidencia, dejó bien claro que la plataforma común del debate sería "la visión del mundo Marxista Leninista" incluyendo el materialismo dialéctico y el rechazo de las teorías fascistas de raza. Con esta base se pretendía examinar las teorías genéticas para suministrar una unidad de método (p. 194). Entre otras cosas Muralov citó las palabras de Stalin a los trabajadores de Stakhanov en noviembre de 1935: "La ciencia se llama ciencia porque no reconoce fetiches, no teme alzar su puño ante lo obsoleto, y firmemente escucha la voz de la experiencia práctica". En su conferencia Vavilov tomó partido por los genéticos pero Lysenko por su parte fue muy crítico con Vavilov y con los genéticos. Para él era ni más ni menos que la teoría de la evolución lo que estaba en disputa (p. 198). Según él la teoría de Darwin había sido atacada en las sociedades capitalistas desde el momento de su publicación, la teoría de Johansen de las líneas puras era un ataque a la teoría de la evolución. El error fundamental de los genéticos era, según Lysenko, que negaban una función creadora para la selección en el proceso evolucionario. Algo lógico puesto que en la naturaleza no hay selección alguna y Darwin había confundido selección con mejora. Serevrovskii y Muller defendieron los puntos de vista de los genéticos frente a los ataques de Lysenko acusando a este de tener puntos de vista superficiales e ignorantes. Para Muller las opiniones de Lysenko eran charlatanería, astrología y alquimia. Así los miembros de VASKhNIL se encontraban divididos en dos grupos: Los genéticos con Vavilov y los anti-genéticos con Lysneko. Un planteamiento que da una idea del problema puesto que Lysenko no podría con sus investigaciones presentar ningún resultado en contra de las de Mendel y Morgan y sin embargo estaba respaldado por el Partido. En este sentido estuvo acertado el fisiólogo Krenke al indicar a Lysenko que si él había dicho que sus afirmaciones no se habían entendido y que efectivamente muchos no las habían entendido, entonces era obligación suya el explicarlas. Proponía así Krenke una expresión sincera y abierta de los puntos de vista científicos, sinceridad y perseverancia, algo que no era lo más adecuado en el clima reinante.

Georgii Meister, experto en Genética y vicepresidente de VASKhNIL fue el encargado de resumir los resultados del Congreso. Para él los genéticos desconocían a sus clásicos, Darwin y Timiriazev. La Genética contradecía la teoría evolucionaria de Darwin y era, por lo tanto, inaceptable. En una carta de Muller a Julian Huxley decía refiriéndose a los anti-genéticos:

> Llaman a su punto de vista darwinista y nos acusan a Vavilov y a mí de anti-darwinistas porque creemos en una alta estabilidad del gen y en que su cambio es fortuito. (p 214).

En un clima de obediencia al partido se impuso la vinculación entre la Genética y la Eugenesia, pero no entre el darwinismo y la eugenesia, lo cual es paradójico puesto que el darwinismo está cuando menos, tan próximo a la eugenesia como pueda estarlo la Genética, pero mientras que la genética podría, en teoría, librarse un día de la eugenesia; el darwinismo, por el contrario, no puede. La lealtad al darwinismo se consideró en la URSS como base de la ciencia. El panorama se complicó con numerosos arrestos en los meses siguientes y así el propio Meister fue arrestado por defender al académico Nikolai Tulaikov, asimismo arrestado. En su declaración el académico Rudolf David, también arrestado, decía:

> Un gran número de académicos (VASKhNIL) prominentes encabezados por Vavilov, Koltsov, Meister, Konstantinov, Lisitsyn y Serebrovsky se opusieron activamente a la revolucionaria teoría de Lysenko de la vernalización y el cruce intravarietal… Sin duda estaban unidos en una sóla organización anti-Soviética.

Pero luego se supo que los testimonios anti-Vavilov se habían obtenido mediante la tortura (Birstein, 2001). La tensión se mantuvo hasta 1948, fecha en que Lysenko emite su informe que comentaremos a continuación.

11. El darwinismo es la verdadera fe de Lysenko: Comentario a su Informe a la Academia de 1948

El informe de Lysenko a la Academia Lenin de Ciencias Agrícolas de la URSS de la que era entonces presidente, consta de nueve secciones, que son:

1. La Biología, base de la Agronomía

2. La historia de la Biología, arena de lucha ideológica

3. Dos mundos y dos ideologías en la Biología

4. La escolástica del mendelismo-morganismo

5. La idea de la incognoscibilidad en la teoría de la «substancia hereditaria»

6. La esterilidad del morganismo-mendelismo

7. La doctrina de Michurin, base de la biología científica

8. Enseñemos la doctrina de Michurin a los jóvenes biólogos soviéticos

9. Por una biología científica y creadora

La primera sección es muy corta y razonable. En ella se hace notar la importancia de la Biología para el desarrollo de la Agronomía. No se puede hacer Agronomía sin conocer la Biología de las plantas de los cultivos.

Por el contrario, la segunda sección titulada "La historia de la Biología, arena de lucha ideológica" es muy dogmática. Intenta imponer el darwinismo por encima de toda discusión razonable. A tal fin comienza ya con una polémica afirmación:

> La aparición de la doctrina expuesta por Darwin en su libro El origen de las especies sentó el principio de la Biología científica.

Con la que Lysenko demuestra no tener un gran conocimiento de Biología, puesto que antes que Darwin muchos autores se habían ocupado de aspectos esenciales de la Biología, como por ejemplo su fundador, Lamarck, de quien tanto Darwin como Lysneko toman buena parte de su trabajo, o posteriormente Louis Pasteur, Claude Bernard y otros. Darwin no sentó el principio de la biología científica sino que aportó una nueva manera dogmática de interpretar la Biología. A este respecto llama la atención que Lysenko se refiere a los escritos de Darwin con la palabra Doctrina y eso es efectivamente el darwinismo, una doctrina, y una doctrina no puede ser nunca el principio de la biología científica, sino una base dogmática y autoritaria para su interpretación, o sea para su utilización política, como muy pronto veremos que vio Engels en los escritos de Darwin. La palabra Doctrina aparece 39 veces a lo largo del discurso y es uno de los substantivos más frecuentes después de: Condiciones 84; Teoría 64; Herencia 64; Desarrollo 64; Cuerpo 51; Organismo 48; Vida 47; Naturaleza 47; Biología, 47; Michurin 46 e inmediatamente antes de plantas que aparece 38 veces.

Continúa el informe con cierta confusión:

> La idea central de la teoría de Darwin es la doctrina de la selección natural y artificial.

Cuando en realidad la idea central de la teoría de Darwin es la selección natural, una confusa entidad de la que el mismo Darwin, en el capítulo cuarto de El Origen de las Especies, dice que es una expresión falsa. Acierta ahí Darwin. La expresión Selección Natural está basada en la confusión entre selección y mejora y constituye un oxímoron (Cervantes y Pérez Galicia, 2014). Es así que, siguiendo en la línea del error del maestro,

Lysenko se ve obligado a defender un error con nuevos errores y por eso no se entiende bien lo que dice a continuación:

> Mediante la selección de variaciones útiles para el organismo se ha creado y se crea la armonía que observamos en la naturaleza viva: en la estructura de los organismos y en su adaptación a las condiciones de vida.

Afirmación que no parece científica. Como tampoco lo es la siguiente:

> Con su teoría de la selección, Darwin explicó racionalmente la armonía que se observa en la naturaleza viva.

Ni mucho menos la siguiente:

> Su idea de la selección es científica y verdadera.

Porque no basta con decir que algo es científico para que lo sea. Para eso el Método Científico propone otros medios más eficaces como la experimentación. Sigue una serie de frases en la misma dirección hasta ir a parar a una cita de Engels:

> ...gracias a la demostración coherente, que Darwin fue el primero en ofrecer, de que los organismos, producto de la naturaleza y existentes en torno nuestro, incluido el hombre, son resultado de un largo proceso de evolución, que arranca de unos cuantos gérmenes primitivamente unicelulares, surgidos a su vez del protoplasma o albúmina formada por vía química.

Claro que Engels no era un científico ni aportó nunca argumentos científicos en la defensa de Darwin. Pero es que Engels sólo defiende a Darwin cuando escribe para el gran público, mientras que al escribir en privado, como en su correspondencia con Marx, se burla de él. Por ejemplo Engels en una carta a Piotr Lavrovich Lavrov fechada en Londres en Noviembre de 1875 nos aclara:

> De la doctrina darwinista yo acepto la teoría de evolución, pero no tomo el método de demostración de Darwin (*struggle for life, natural selection*) más que como una primera expresión, una expresión temporal e imperfecta, de un hecho que acaba de descubrirse. Antes de Darwin, precisamente los hombres que hoy sólo ven la lucha por la existencia (Vogt, Büchner, Moleschott, etc..), hacían hincapié en la acción coordinada en la naturaleza orgánica; subrayaban como el Reino Vegetal suministraba el oxígeno y los alimentos al Reino Animal y cómo, a la inversa, este último suministraba a aquel el ácido carbónico y los abonos, como lo recababa con especial fuerza Liebig...Si por consiguiente, un pretendido naturalista se permite resumir toda la riqueza, toda la diversidad de la evolución histórica en una fórmula estrecha y unilateral, en la de la "lucha por la existencia", fórmula que sólo puede admitirse hasta el dominio de la naturaleza *cum grano salis*, semejante método contiene de por sí ya su propia condena.

Y aquí es donde Engels nos demuestra haber visto algo que tampoco ha escapado a Lysenko: La doctrina de Darwin impone una interpretación de la naturaleza basada en la competición y en la lucha. Luego por lo tanto no es, como dice Lysenko, la base o el principio de la Biología científica. No es ciencia sino imposición, dogma.

Engels ha entendido bien a Darwin. Sabe que es conveniente defenderlo y hacerle publicidad cara al público. Por eso habla de él con respeto cuando escribe textos dirigidos a su difusión, pero se burla en su correspondencia privada como por ejemplo su carta a Lavrov de noviembre de 1875:

> Toda la doctrina darwinista de la lucha por la existencia no es más que la transposición pura y simple de la doctrina de Hobbes sobre el *bellum omnium contra omnes*, la tesis de los economistas burgueses de la competencia y la teoría maltusiana de la población, del dominio social, al de la naturaleza viva...El carácter pueril de este modo de proceder salta a la vista y no vale la pena perder el tiempo hablando de él. Si quisiera detenerme en eso, yo lo haría de la manera siguiente: mostraría que, en primer lugar, son malos economistas, y sólo en segundo lugar, que son malos naturalistas y malos filósofos.

Lo mismo que vemos en una carta de Marx a Engels:

> ...me divierto con Darwin, al que he echado una nueva ojeada, cuando afirma aplicar la teoría de Malthus tambien a las plantas y a los animales, como si el jugo del señor Malthus no estuviera precisamente en el hecho de que esa teoría no se aplica a las plantas y a los animales, sino -con geométrica progresión- sólo a los hombres, en contraste con las plantas y animales. Es notable el hecho de que en las bestias y en las plantas, Darwin reconoce a su sociedad inglesa, con su división del trabajo, la competición, la apertura de nuevos mercados, los inventos y la maltusiana lucha por la existencia. Es el bellum omnium contra omnes de Hobbes y hace pensar en la Fenomenología de Hegel cuando se configura la sociedad burguesa como "reino animal ideal", mientras que en Darwin el reino animal se configura como sociedad burguesa...

El darwinismo se impone desde el principio del Informe como una necesidad y a tal fin olvida Lysenko que el contenido científico del darwinismo no es otro que la Teoría de la transformación de las Especies de Lamarck y es por tanto a Lamarck a quien debería atribuir su mérito. Pero Lysenko es obediente con las exigencias del régimen y esto se nota en primer lugar en su manera de colocar a Darwin por encima de Lamarck y a continuación en la pobre crítica que hace de Darwin. De los cuatro puntos que Pierre Flourens había encontrado en 1864 como debilidades de Darwin (Cervantes, 2014), que son:

1) Abuso del lenguaje
2) Desconocimiento de la Historia Natural
3) Falta de originalidad. Darwin copia de Lamarck
4) Eugenesia

Lysenko parece haber encontrado, al igual que Engels, sólo el punto 4) y así se lamenta en varias ocasiones en estos y parecidos términos:

> Para todo darwinista progresivo debe ser evidente que el esquema reaccionario de Malthus, si bien fue aceptado por Darwin, se halla en flagrante contradicción con el principio materialista de su propia doctrina. Es fácil observar que al propio Darwin, gran naturalista, fundador de la Biología científica, que hizo época en la ciencia, no podía satisfacerle el esquema de Malthus por él aceptado, que, en realidad, se halla en flagrante contradicción con los fenómenos de la naturaleza viva.

Pero olvida que Lamarck fue anterior a Darwin en la presentación de una doctrina materialista que enfrentar al idealismo dominante que tanta desconfianza le genera. Pero ¿Qué tiene Lysenko contra el idealismo? El idealismo está próximo a la religión que el régimen soviético ha prohibido. Lo que hay que hacer es seguir las normas del Partido, defender el materialismo y marcar bien la diferencia con occidente. Esto lo hace muy bien Lysenko en la siguiente sección que precisamente se titula "Dos mundos y dos ideologías en la Biología". Al principio se pone de manifiesto su tarea de adoctrinamiento con un gran comienzo que es el siguiente:

> El weismanismo y el mendelismo-morganismo, surgidos a fines del siglo pasado y principios del presente, iban dirigidos esencialmente contra los fundamentos materialistas de la teoría de la evolución enunciada por Darwin.

Y es que ya el hablar del mendelismo-morganismo significa convertir la ciencia en política. Ni los trabajos de Mendel ni tampoco los de Morgan han ido en contra de los fundamentos materialistas de la Teoría. Mendel realizó sus experimentos sin haber leído a Darwin. Morgan critica algunos aspectos de Darwin, pero en general lo defiende. Como bien sabe Lysenko, Weismann era uno de los principales defensores del darwinismo, y por eso dio a su concepción el nombre de neodarwinismo, aunque, nos dice Lysenko:

> …en el fondo es la negación completa de los aspectos materialistas del darwinismo e introduce bajo mano, en la Biología, el idealismo y la metafísica.

¿Por qué? Por negar la herencia de caracteres adquiridos, algo que es debido a Lamarck, luego por lo tanto nos da la razón ahora Lysenko y confirma de esta manera que la naturaleza materialista y dialéctica de la obra de Darwin está tomada directamente de Lamarck. No en vano dijo alguno de los críticos de El Origen de las Especies: Todo lo bueno era viejo, lo nuevo malo.

Lysenko es contrario a Weismann y, por lo tanto, favorable a Lamarck. En buena lógica Darwin debería desaparecer del terreno, puesto que tanto la transformación de las especies como la herencia de caracteres adquiridos aparecen ya bien descritas en la obra de Lamarck. Pero no: Darwin se mantiene por una obligación de obediencia debida al Partido.

A la negación de la herencia de los caracteres adquiridos llama Lysenko "idea mística de Weismann" y de ella dice que ha sido plenamente aceptada y hasta, podemos decirlo, acentuada por el mendelismo-morganismo. Correcto en parte. Morgan se expresó en contra de la herencia de caracteres adquiridos, no así Mendel.

Es por lo tanto el mendelismo-morganismo el objeto de sus iras a partir de este momento y los ataques se justifican porque:

> Al emprender el estudio de la herencia, Morgan, Johannsen y otros puntales del mendelismo-morganismo declararon desde el comienzo que estaban dispuestos a investigar los fenómenos de la herencia independientemente de la teoría darwinista de la evolución.

Lógicamente, es lícito y posible. Mendel también investigaba los mecanismos de la herencia sin tener en cuenta la evolución. Pero Lysenko sabe cumplir con su obligación y los enemigos del darwinismo son sus enemigos, aunque se los haya inventado él mismo. Enfrentará así a dos bandos: Por un lado el mendelismo-morganismo y por otro la agrobiología soviética, cuyos principios fueron sentados por Michurin y Williams, sin darse cuenta de que ambos se mueven en órbitas diferentes, el primero en el ámbito experimental y de laboratorio y el segundo agrícola y aplicado. Y no obstante hay que reconocer que su aproximación presenta un acierto:

> … las conocidas tesis del lamarckismo que reconocen el papel activo de las condiciones del medio externo en la formación del cuerpo vivo, y también la herencia de las propiedades adquiridas, no son, ni mucho menos, falsas, sino, por el contrario, del todo justas y completamente científicas.

En resumen, encontramos al final de la sección tercera:

> Como vemos, la enconada lucha que ha dividido a los biólogos en dos campos irreconciliables se desencadenó en torno a la vieja cuestión: *¿Es posible la herencia de los caracteres y las propiedades adquiridos por los organismos vegetales y animales en el transcurso de su vida?* En otras palabras: ¿Dependen los cambios cualitativos de la naturaleza de los organismos vegetales y animales de las condiciones de vida que actúan sobre el cuerpo vivo, sobre el organismo?

> La doctrina de Michurin, materialista y dialéctica por su esencia, demuestra con hechos dicha dependencia.

> La doctrina mendelista-morganista, metafísica e idealista por su esencia, niega dicha dependencia sin aportar ninguna prueba.

Estableciendo esta diferencia, Lysenko cumple una función política y crea una situación social que los años vendrían a confirmar: La diferencia entre la genética occidental: más experimental y de laboratorio y la ciencia agrícola oriental: vinculada directamente con la agricultura. Indirectamente consigue apoderarse de la herencia de caracteres adquiridos haciendo que la genética occidental vea en ello un anatema, asociándolo con Lamarck, denostado en occidente, con lo que se consigue un efecto final muy importante: Ensalzar la figura de Darwin quien, como sabía Flourens, había copiado de Lamarck.

La sección cuarta titulada La escolástica del mendelismo-morganismo presenta una crítica de la teoría de la barrera somático germinal de Weismann, de los morganistas-mendelistas y por extensión de la teoría cromosómica de la herencia, pero en particular su crítica se dirige a los autores soviéticos que seguirían esta tendencia, entre ellos Koltsov, Malinovski, Zavadovski y Dubinin.

Para Lysenko el mendelismo-morganismo atribuye un carácter indeterminado a las variaciones de la postulada y mítica «substancia hereditaria». El capítulo quinto de su Informe se titula "La idea de la incognoscibilidad en la teoría de la «substancia hereditaria»" y consiste en una crítica al mendelismo-morganismo al que considera una forma de idealismo. Critica en particular a Schmalhausen, representante soviético del mendelismo-morganismo y catedrático de darwinismo en Moscú. Frente a Schmalhausen surge brillante la figura de Michurin y sus discípulos, los michurinistas, quienes han obtenido y obtienen, en gran escala, variaciones hereditarias dirigidas de los organismos vegetales:

> Es sabido que Michurin creó en el transcurso de una sola generación más de trescientas nuevas variedades de plantas. Muchas de ellas fueron logradas sin hibridación sexual, y todas por medio de una selección rigurosamente dirigida, que incluía en sí la educación con arreglo a un plan. Ante estos hechos y ante las conquistas posteriores de los partidarios de la teoría michurinista, afirmar que la selección rigurosamente dirigida se va extinguiendo progresivamente, es calumniar a la ciencia de vanguardia.

También critica en esta sección a los morganistas soviéticos Poliakov, profesor de Darwinismo de la Universidad de Járkov, Y. Polianski, vicerrector de la Universidad de Leningrado, y B. M. Zavadovski, miembro de la Academia Lenin.

Los penúltimos capítulos del informe se refieren a la esterilidad del morganismo-mendelismo, La doctrina de Michurin, base de la Biología científica y la enseñanza de esta doctrina a la juventud soviética. El último se titula, no sin razón, "Por una biología científica y creadora".

Identifica en un momento dado al morganismo-mendelismo con la teoría cromosómica de la herencia, enemigo a quien la Academia ha de enfrentarse mediante la promoción del michurinismo, en una tarea favorecida por los cambios recientes en la Academia. Cita como ejemplo de la futilidad de los fines prácticos y teóricos que persiguen los partidarios de la citogenética morganista a Dubinin, cuya investigación ridiculiza.

La parte central del Informe es el capítulo siete en el que expone la doctrina de Michurin (Base de la Biología científica). Leemos por ejemplo:

> La doctrina de Michurin rechaza categóricamente la tesis fundamental del mendelismo-morganismo, que afirma que las propiedades de la herencia son por completo independientes de las condiciones de vida de las plantas y de los animales. La doctrina de Michurin no reconoce la existencia en el organismo de una substancia hereditaria independiente de su cuerpo. Las variaciones de la herencia del organismo o de la de alguna de las partes de su cuerpo son siempre resultado de variaciones experimentadas por el propio cuerpo vivo. Las variaciones del cuerpo vivo se deben, a su vez, a desviaciones de la norma del tipo de asimilación y desasimilación, a alteraciones, desviaciones de la norma del tipo de metabolismo. Aunque las variaciones de los organismos o de sus diferentes órganos y propiedades no siempre, ni en pleno grado, son transmitidas a la descendencia, los gérmenes modificados de los nuevos organismos en gestación son siempre y únicamente el resultado de variaciones del cuerpo del organismo progenitor, debidas a la influencia directa o indirecta de las condiciones de vida sobre el desarrollo del organismo o de algunas de sus partes, incluidos los gérmenes sexuales y vegetativos. Las variaciones de la herencia, la adquisición de nuevas propiedades y su fortalecimiento y acumulación durante varias generaciones consecutivas, dependen siempre de las condiciones de vida del organismo.

Es decir, lamarckismo en estado puro. Algo contrario al neodarwinismo, sobre todo contrario a Weismann y también, en parte, a Morgan. Lo que se consiguió en occidente, el efecto final de dejar las ideas expresadas en estos párrafos como propiedad de Michurin y de Lysenko fue denostar a Lamarck, dejándolo preso más allá del Telón de Acero y ensalzar a Darwin, modelo liberal en occidente y modelo materialista en la URSS. Para castigar todavía más a Lamarck se hicieron otros esfuerzos adicionales, como por ejemplo la gran difusión de los experimentos de Luria y Delbrück en los que tanto énfasis se ponía en las mutaciones al azar cuya relevancia para la evolución de ninguna manera habían probado.

La Yarovización, conversión de cereales de primavera en cereales de invierno es un ejemplo de herencia de caracteres adquiridos:

> Los cambios de las condiciones de vida traen consigo cambios obligados del propio tipo de desarrollo de los organismos vegetales. La variación del tipo de desarrollo es, pues, la causa original del cambio de la herencia. Todos los organismos que no pueden cambiar de acuerdo con las condiciones de vida modificadas no sobreviven, no dejan descendencia.

> … a veces las modificaciones de los órganos, caracteres o propiedades del organismo no aparecen en la descendencia. Sin embargo, las partes modificadas del cuerpo del organismo progenitor siempre poseen una herencia modificada.

Pero hay otros ejemplos que la escuela de Michurin conoce muy bien porque la práctica de la fruticultura y de la floricultura conoce estos hechos desde hace mucho. El capítulo siete contiene así una descripción pormenorizada de los métodos y aplicaciones de la escuela de Michurin, modelo para la ciencia soviética por su unidad de la teoría y la práctica.

En el capítulo penúltimo hace una defensa del michurinismo con el argumento de que las concepciones morganistas son completamente ajenas a la ideología del hombre soviético.

Finalmente en el último capítulo tiene razón al indicar que cuando la naturaleza viva se estudia aisladamente de la práctica, el principio científico del estudio de las conexiones biológicas se pierde, para continuar, sin embargo después con un ensalzamiento del darwinismo, sin darse cuenta de que Darwin también teorizó libremente cuanto quiso sobre la naturaleza.

A lo largo del texto de su informe Lysenko menciona tres veces a Lamarck y treinta y cinco veces a Darwin, y sin embargo, en repetidas ocasiones habla de sus debilidades. Pocas son las ocasiones en que sinceramente tiene algo bueno que decir de Darwin. A Lysenko se le ha llamado con frecuencia en occidente pseudocientífico pero del análisis de este informe a la Academia podemos concluir quien es el pseudocientífico mayor que se oculta tras Lysenko: Carlos Darwin.

12. Waddington y la epigenética

El creador del término epigenética fue Conrad H. Waddington (1905-1975), enviado al cuadro de horror de los biólogos proscritos en occidente por haber flirteado con el lamarckismo. Sabemos que Waddington salió del laboratorio del biólogo británico Joseph Needham, quien también consideró seriamente a la herencia citoplásmica.

Aun siendo agnóstico en relación con Lamarck, finalmente su teoría de la epigenética parece encasillarlo en el lamarckismo. Antes de establecer el término, ya había notado serios deslices a las tesis puramente seleccionistas y da cuenta de ello en 1942, nueve años después de que Morgan recibiera el premio Nobel:

> La batalla, mantenida por tanto tiempo entre las teorías evolutivas apoyadas por los genetistas por un lado, y por los naturalistas, por el otro, ha tenido en los últimos años una fuerte inclinación a favor de los primeros. Pocos biólogos dudan ahora el que la investigación genética no haya revelado las más importantes categorías en torno a la variación hereditaria; mientras que la teoría naturalista clásica -la herencia de los caracteres adquiridos- ha sido generalmente relegada a un segundo plano, ya que, en las formas en que se ha presentado, se requeriría de un tipo de variación hereditaria para el que no ha habido pruebas suficientes. La larga popularidad de la teoría se basaba, no en alguna evidencia positiva, sino en su utilidad para considerar algunos de los más

llamativos resultados en torno a la evolución. Los naturalistas no han podido dejar de estar continua- y profundamente impresionados por la adaptación que un organismo mantiene con su entorno y de cómo las partes del organismo se ajustan a éste. Estos caracteres adaptativos se heredan y debe de haber alguna explicación. Si se nos priva de la hipótesis de la herencia de los efectos del uso y desuso, estaremos arrojándonos exclusivamente a la dependencia de la selección natural debida a la oportunidad del azar. Es dudoso, incluso que el más estadístico de los genetistas, esté totalmente convencido de que todo consista en una suerte de mutaciones al azar debida a filtros selectivos naturales." (Waddington, 1942).

En donde se aprecia que Waddington era ya una víctima de la publicidad infundada que se había dado tanto a la selección natural como a las mutaciones al azar. Para 1960, la persecución morganista que se hace a todo tipo de herencia no cromosómica tiene sus efectos (Sapp, 1987) y el lamarckismo nuevamente es aplastado en occidente. La misma Unión Soviética, a la muerte de Stalin, y tiempo después, acaba rindiéndole culto al neodarwinismo. Por otro lado, la teoría epigenética de Waddington aun con evidencias fue insuficiente para enfrentar la teoría genética de Morgan. Tras el descubrimiento fundamental de la estructura del DNA, se generó una tesis anticipada sobre su funcionamiento, motivando la implantación arriesgada del dogma de la biología molecular (que se cuelga de lo hecho por Watson y Crick). Se adopta con todo ello la definición molecular del gen cerrándose el ciclo exitoso iniciado por los continuadores de la teoría genética, con pruebas que parecían más que contundentes para la mayoría de los científicos del *establishment* occidental. La teoría epigenética y la herencia citoplásmica, caen en el olvido. Waddington en su libro *Biology for the contemporany world* (1964), trata de justificar la importancia del citoplasma en las cuestiones de la función de los ahora definitivamente instalados genes haciendo aparecer como de la mayor importancia a los factores citoplasmáticos en el estado embrionario:

> Por lo general, los resultados experimentales sobre la interacción entre el núcleo y el citoplasma no son palpables porque se ocupan de las reacciones químicas en las que el gen toma parte. Pero podríamos visualizarlo de la siguiente manera. Supongamos que en un tipo particular de citoplasma, ciertos genes en el núcleo se activan. Estos genes producirán sustancias que se añaden al citoplasma y pueden tener a su vez, una reacción diferente con el núcleo, por lo que otros genes se ponen en funcionamiento. El citoplasma se alterará de nuevo, y todavía otros genes pueden ser puestos en juego. De esta manera se producirá una serie progresiva de reacciones entre el núcleo y el citoplasma por medio de la cual se convierten varios genes en funcionamiento uno tras otro, de modo que la naturaleza de las células se altere gradualmente desde su estado embrionario hasta que hayan alcanzado la condición encontrada en el adulto. (Waddington, 1964, pp. 34-35).

Después de tratar de establecer un modelo teórico para la epigenética, es el mismo Waddington, ya en las postrimerías de los sesenta del siglo XX, quien reclama el que sus pares no hayan seguido este tipo de fenómeno con sus remarcables evidencias; la sola implicación de la función del DNA no es suficiente para explicar la expresión del fenotipo. Nos dice:

> Hace algunos años (hacia 1947) introduje la palabra epigenética derivada del término aristotélico "epigénesis", y que ha caído más o menos en desuso, como un nombre adecuado para la rama de la biología que estudia las interacciones causales entre los genes y sus productos, interacciones que deben el ser al fenotipo. (Waddington, 1968/71, p.27).
>
> La primera cuestión a plantear acera de ello es si tenemos evidencia aceptable de la transmisión biológica de información a cargo de sistemas independientes del cromosoma. La respuesta parece ser, efectivamente, que si la hay. Parte de esta evidencia está relacionada con el citoplasma altamente especializado de los ciliados (v.g., los trabajos de Sonneborn en Paramecium) y con otros orgánulos celulares especializados tales como los cloroplastos. En ambos casos hay bastante evidencia de que en sus estructuras se encuentran presentes ácidos nucléicos y podrían ser estos ácidos nucléicos los agentes responsables de la transmisión de la información (Waddington, 1968/71, p.36).
>
> Hay otra evidencia de herencia no cromosómica particularmente la debida a Sager, en la cual la ubicación del sistema transmisor es desconocido…[..]..Sin embargo, también conocemos ejemplos de estructuras celulares, que, aun cuando no contienen ácido nucleico alguno, son portadores de información, en el sentido de poseer especificidad capaz de tener un efecto sobre procesos que acontecen en sus inmediaciones. Por ejemplo, la disposición de enzimas en la membrana mitocondrial tiene estos caracteres, y, en una mayor escala, hay una gran evidencia sobre información operativa similar en el citoplasma de las ovocélulas; podemos señalar, así mismo, el crecimiento de orgánulos celulares, tales como la membrana nuclear y los apilamientos de lamelas elipsoidales, donde las apariencias sugieren de un modo manifiesto, aunque no lo prueben definitivamente, que la disposición estructural existente desempeña su papel en la producción de nuevas estructuras similares en las proximidades. Parece que no hay razones teóricas de peso por las que tales estructuras portadoras de información no deban existir (Waddington, 1968/71, p.36).

Si bien irrefutables, muchos de los poderosos experimentos de la ciencia genocéntrica, es verdad que sus predicciones se adelantaron a los resultados definitivos, esto es, fue una construcción anticipada de cómo debía entronizarse la teoría que pasaría de genocéntrica a DNA-céntrica, coincidiendo esto en gran parte con lo dicho por Weismann. Los genes lo explicarían todo, hasta los fenómenos de la sociedad y la economía (ver el libro de Dawkins, *El gen egoísta*). Es por ello que un biólogo marxista norteamericano (el último de los biólogos marxistas) Richard C. Lewontin ha dicho lo siguiente expresado aquí en distintos párrafos, sobre cómo fue planeada la construcción del mundo genocéntrico. Hemos tomado las citas de su libro *El sueño del genoma humano* (2003):

> Como decía, J.B.S. Haldane, "es mejor producir algo que sea «interesante aunque no sea verdad." (Lewontin, 2006, p. 54).

> Todo el mundo sabía que así se completaría su estudio [sobre la molécula de DNA], podría aplicarse a una gama inmensa de fenómenos.

Ya se había implantado el modelo del organismo como una planta de montaje Ford y se habían apilado guarda-barras y parachoques, todo lo que se necesitaba era la llave para poner en marcha la cadena de montaje. (Lewontin, 2006, p. 55).

La descripción más exacta de la función del ADN es la que dice que éste contiene información que es leída por la maquinaria de la célula en el proceso productivo. Sutilmente, el ADN como portador de información es transformado sucesivamente en ADN como copia, como plan rector y como molécula rectora. Es la transferencia a la biología de la fe en la superior verdad del trabajo mental sobre el meramente físico, planificador y el diseñador sobre el operario no calificado que está en la línea de montaje. (Lewontin, 2006, p. 32).l

De acuerdo con estudios científicos, hay genes de la esquizofrenia, genes de la sensibilidad a los contaminantes industriales y a las condiciones de trabajo peligrosas, genes de la criminalidad, genes de la violencia, genes del divorcio y genes de la indigencia." (Lewontin, 2006, p. 17).

Sucedió que, al calor del éxito de la construcción genocéntrica, se implementa la metodología para obtener la secuencia total de genes en el proyecto del genoma humano. Los resultados fueron sorprendentes y contrarios al monopolio genocéntrico pues estos arrojaron que el hombre poseía casi el mismo número de genes que presenta un ratón, lo que implica que no es posible que todas las funciones metabólicas de la célula se encuentren codificadas en el núcleo. Más adelante se dio el hecho no muy exitoso de la generación del primer ser vivo clonado conocido como la oveja Dolly. Cómo sabemos, la oveja Dolly mostró muchas enfermedades y muere de manera anticipada; se infiere de ello, que la transfección del ADN a un óvulo requiere de otros factores que no se encuentra solamente en los ácidos nucléicos. Los científicos se dieron cuenta entonces que debían ser más que necesarios los factores citoplasmáticos para llevar a feliz término al embrión, tal como había sido sugerido Waddington.

Con el irremediable y sonoro éxito de la muy reciente revolución epigenética (Jablonka & Gissis, 2011; Holliday, 2016), se vienen a descartar varias de las hipótesis mantenidas durante la guerra fría, y es curioso que al término de esta, sea posible retomar esta revolución biológica enfocada a restablecer el buen nombre de Lamarck. Los experimentos sobre epigenética se obtienen de manera muy regular y ya no hay impedimentos en dichos artículos para que los científicos citen a Lamarck, y en donde, por cierto, tampoco descartan a Darwin, así ha venido sucediendo. No obstante, hay quienes todavía quieren tejer nuevamente el ya muy parchado traje monopólico de Darwin.

13. Conclusión

Darwin creía en la herencia de los caracteres adquiridos porque lo había tomado de Lamarck y como bien decía Pierre Flourens, las ideas de Darwin eran, en el fondo, las de Lamarck. Pero a Darwin había que salvarlo tanto en Oriente como en Occidente porque se trataba de dar al público una visión naturalista del mundo. Es decir que en la naturaleza todo había tenido lugar por sí mismo, sin la intervención de una divinidad. Es la base del credo marxista y materialista y por eso Darwin es admitido sin cuestión por Lysenko y por toda la jerarquía del Partido. Con cierto reparo, sí, porque a nadie se le escapaba la cuestión eugenista totalmente contraria con la filosofía socialista, pero admitido por imposición de la fuerza de la autoridad. Tanto en oriente como en occidente.

Podríamos estar de acuerdo después de todo lo visto con que la historia de Lysenko fue, en parte, pseudociencia del siglo XX. Tan solo necesitaríamos para ello que se reconociese que tuvo en su origen a Darwin, quien fue el caso mayor de pseudociencia de toda la historia. El problema de Lysenko no estriba en creer en la herencia de los caracteres adquiridos sino en haber creído en Darwin.

Apéndice: Texto de Lysenko: Informe sobre la situación en las ciencias biológicas

Contenido

1. La Biología, base de la Agronomía

La Agronomía se ocupa de cuerpos vivos: plantas, animales y microorganismos. Por eso, el conocimiento de las leyes biológicas forma parte de la base teórica de la Agronomía. Cuanto más profundamente descubre la Biología las leyes que rigen la vida y el desarrollo de los cuerpos vivos, tanto más eficiente es la Agronomía. La Agronomía es, por su esencia, inseparable de la Biología. Hablar de la teoría de la Agronomía equivale a hablar de las leyes, descubiertas, y comprendidas, que rigen la vida y el desarrollo de las plantas, los animales y los microorganismos. Para nuestra Agronomía tiene una importancia de primer orden el nivel metodológico de los conocimientos biológicos, el estado de la ciencia biológica, que estudia las leyes de la vida y el desarrollo de las formas vegetales y animales, es decir, ante todo, el estudio de la ciencia a la que en los últimos cincuenta años se viene llamando Genética.

2. La historia de la Biología, arena de lucha ideológica

La aparición de la doctrina expuesta por Darwin en su libro El origen de las especies sentó el principio de la Biología científica.

La idea central de la teoría de Darwin es la doctrina de la selección natural y artificial. Mediante la selección de variaciones útiles para el organismo se ha creado y se crea la armonía que observamos en la naturaleza viva: en la estructura de los organismos y en su adaptación a las condiciones de vida. Con su teoría de la selección, Darwin explicó racionalmente la armonía que se observa en la naturaleza viva. Su idea de la selección es científica y verdadera. Por su contenido, la teoría de la selección viene a ser la práctica secular tomada en su aspecto más general de los agricultores y de los ganaderos, que mucho antes de Darwin crearon empíricamente nuevas variedades de plantas y nuevas razas de animales.

En su doctrina de la selección, correcta desde el punto de vista científico, Darwin examina y analiza, a través del prisma de la práctica, numerosos hechos registrados por los naturalistas en la propia naturaleza. La práctica agrícola sirvió a Darwin de base material para formular su teoría de la evolución, que explica las causas naturales de la armonía que observamos en la estructura del mundo orgánico. Esta teoría fue un gran progreso de la humanidad en el conocimiento de la naturaleza viva.

Según la apreciación de F. Engels, el conocimiento de la concatenación de los procesos que se desarrollan en la naturaleza avanzó a grandes pasos, gracias, sobre todo, a tres grandes descubrimientos: en primer lugar, gracias al descubrimiento de la célula; en segundo lugar, gracias al descubrimiento de la transformación de la energía y, en tercer lugar, «gracias a la demostración coherente, que Darwin fue el primero en ofrecer, de que los organismos, producto de la naturaleza y existentes en torno nuestro, incluido el hombre, son resultado de un largo proceso de evolución, que arranca de unos cuantos gérmenes primitivamente unicelulares, surgidos a su vez del protoplasma o albúmina formada por vía química».

Los clásicos del marxismo, al tiempo que apreciaban en todo su valor la importancia de la teoría de Darwin, señalaban los errores por él cometidos. La teoría de Darwin, aun siendo en sus rasgos fundamentales indiscutiblemente materialista, contiene errores importantes. Así, un gran error fue, por ejemplo, que Darwin introdujera en su teoría de la evolución, con el principio materialista, ideas malthusianas reaccionarias. Este gran error lo agravan en nuestros días los biólogos reaccionarios.

El propio Darwin señaló que él había aceptado el esquema de Malthus. En su autobiografía habla de ello como sigue:

«En octubre de 1838, es decir, quince meses después de haber iniciado mi investigación sistemática, leí, para distraerme, la obra de Malthus Ensayo sobre el principio de población, y, como debido a mis prolongadas observaciones de los hábitos de los animales y de las plantas, estaba bien preparado para apreciar la lucha por la existencia que se desarrolla en todas partes, comprendí de pronto que, en esas circunstancias, las variaciones favorables tenderían a ser preservadas, y las desfavorables, a ser destruidas... Por fin hallé una teoría para guiarme en mi trabajo» (Subrayado por mí. T. L.) Muchos no han visto con claridad, hasta el presente, el error cometido por Darwin al incluir en su teoría el esquema disparatado y reaccionario de Malthus acerca de la población. Un verdadero biólogo, un verdadero hombre de ciencia no puede y no debe silenciar los errores de la doctrina de Darwin.

Los biólogos deben meditar una y otra vez acerca de las siguientes palabras de Engels: «Toda la doctrina de Darwin acerca de la lucha por la existencia redúcese meramente a trasladar de la sociedad a la naturaleza viva la teoría de Hobbes del bellum omnium contra omnes y la doctrina económico-burguesa de la competencia, juntamente con la teoría de la población de Malthus. Después de haber hecho este truco (cuya legitimidad incondicional pongo en duda, como ya se ha indicado en el primer punto, en particular con respecto a la teoría de Malthus), estas mismas teorías son de nuevo trasladadas de la naturaleza orgánica a la historia, y después se afirma que está demostrada su fuerza de leyes eternas de la sociedad humana. La ingenuidad de este procedimiento salta a la vista, y de ello no vale la pena hablar. Sin embargo, de querer detenerme aquí con mayor detalle, yo demostraría, ante todo, que son malos economistas y después pasaría a demostrar que son malos naturalistas y filósofos».

Con el fin de propagar sus ideas reaccionarias, Malthus inventó una pretendida ley natural. «La causa a que me refiero dice Malthus— es la tendencia constante de todos los seres vivos a multiplicarse más rápidamente de lo que lo permite la cantidad de alimento de que disponen».

Para todo darwinista progresivo debe ser evidente que el esquema reaccionario de Malthus, si bien fue aceptado por Darwin, se halla en flagrante contradicción con el principio materialista de su propia doctrina. Es fácil observar que al propio Darwin, gran naturalista, fundador de la Biología científica, que hizo época en la ciencia, no podía satisfacerle el esquema de Malthus por él aceptado, que, en realidad, se halla en flagrante contradicción con los fenómenos de la naturaleza viva.

Por eso Darwin, bajo la presión de la enorme cantidad de hechos biológicos por él mismo reunidos, viose obligado en varios casos a modificar radicalmente el concepto de «lucha por la existencia», ampliándolo considerablemente, hasta el punto de declararlo expresión metafórica.

El propio Darwin, en su tiempo, no supo desembarazarse de los errores teóricos por él cometidos. Estos errores los descubrieron y señalaron los clásicos del marxismo. Y hoy no tiene justificación que se acepten los errores de la teoría de Darwin, basados en la idea malthusiana de la superpoblación, con la lucha intraespecífica que se hace dimanar de aquí. Aún es más inadmisible presentar los errores de la teoría de Darwin como la piedra angular del darwinismo (I. Schmalhausen, B. Zavadovski, P. Zhukovski). Semejante actitud frente a la teoría de Darwin impide el desarrollo creador del núcleo científico del darwinismo.

En cuanto apareció la doctrina de Darwin, se hizo evidente que el núcleo científico y materialista del darwinismo la teoría del desarrollo de la naturaleza viva se hallaba en contradicción antagónica con el idealismo dominante por aquel entonces en la Biología.

Los biólogos de mentalidad progresista, tanto en nuestro país como en el extranjero, vieron en el darwinismo el único camino acertado para seguir desarrollando la Biología científica. Por eso emprendieron la defensa activa del darwinismo contra los ataques de que los hacían objeto los reaccionarios, encabezados por la Iglesia y los oscurantistas de la ciencia del tipo de Bateson.

Biólogos darwinistas tan eminentes como V. Kovalevski, I. Méchnikov, I. Séchenov y, sobre todo, K. Timiriásev, defendieron y desarrollaron el darwinismo con la pasión propia de los verdaderos hombres de ciencia.

K. Timiriásev, gran biólogo investigador, veía claramente que el desarrollo fecundo de la ciencia relativa a la vida de las plantas y de los animales era únicamente posible basándose en los principios del darwinismo, que sólo sobre la base de un darwinismo más desarrollado y elevado a mayor altura podría la Biología ayudar al agricultor a obtener dos espigas allí donde no obtiene más que una.

Si el darwinismo, tal como lo expuso Darwin, hallábase en contradicción con la concepción idealista del mundo, el desarrollo de la doctrina materialista profundizó más aún dicha contradicción. Por eso, los biólogos reaccionarios hicieron todo lo que estaba a su alcance para despojar al darwinismo de sus elementos materialistas. Las voces aisladas de algunos biólogos progresistas, como Timiriásev, se perdieron en el coro unánime de los antidarwinistas, de los biólogos reaccionarios de todo el mundo.

En el periodo posterior a Darwin, la aplastante mayoría de los biólogos del mundo, lejos de desarrollar el darwinismo, hizo todo para envilecerlo, para ahogar su fundamento científico. Las teorías de Weissman, Mendel y Morgan, fundadores de la Genética reaccionaria contemporánea, son la encarnación más clara de este envilecimiento del darwinismo.

3. Dos mundos y dos ideologías en la Biología

El weismanismo y el mendelismo-morganismo, surgidos a fines del siglo pasado y principios del presente, iban dirigidos esencialmente contra los fundamentos materialistas de la teoría de la evolución enunciada por Darwin.

Weismann dio a su concepción el nombre de neodarwinismo, aunque en el fondo es la negación completa de los aspectos materialistas del darwinismo e introduce bajo mano, en la Biología, el idealismo y la metafísica.

La teoría materialista del desarrollo de la naturaleza viva es inconcebible sin el reconocimiento de la necesidad de la herencia de los caracteres individuales adquiridos por el organismo en determinadas condiciones de su vida; es inconcebible sin el reconocimiento del carácter hereditario de las propiedades adquiridas. Weismann intentó refutar esta tesis materialista. En su obra fundamental, titulada Conferencias sobre la teoría de la evolución, Weismann dice que «semejante forma de herencia no sólo no ha sido demostrada, sino que es también inconcebible teóricamente...» . Refiriéndose a opiniones suyas del mismo cariz, anteriores a la citada, Weismann dice que «con ello se declaró la guerra al principio de Lamarck, al principio de la acción directamente modificadora del uso y el desuso, y, en efecto, por aquí empezó la lucha que dura hasta nuestros días, la lucha entre los neolamarckinianos y los neodarwinistas, corno se ha dado en llamar a los bandos contendientes».

Weismann, como vemos, dice que declara la guerra al principio de Lamarck, pero no cuesta trabajo ver que declaró la guerra a algo sin lo cual no puede haber una teoría materialista de la evolución: declaró la guerra a las bases materialistas del darwinismo, escudándose con frases acerca del «neodarwinismo».

Al rechazar el carácter hereditario de las propiedades adquiridas, Weismann inventó una substancia hereditaria especial. Afirmó que se debía «buscar la substancia hereditaria en el núcleo» y que «el buscado portador de la herencia se encerraba en la substancia de los cromosomas». Éstos, según Weismann, contienen gérmenes, cada uno de los cuales «determina una parte concreta del organismo en su aparición y forma definitiva».

Weismann afirma que «hay dos grandes categorías de substancia viva: la «substancia hereditaria» o idioplasma y la «substancia nutritiva» o trofoplasma...». Más adelante, Weismann declara que los portadores de la substancia hereditaria, «los cromosomas, forman como un mundo aparte», independiente del cuerpo del organismo y de sus condiciones de vida.

Después de haber reducido el cuerpo vivo a la categoría de simple medio nutricio para la substancia hereditaria, Weismann proclama a ésta inmortal y dice que nunca jamás se genera de nuevo.

«Así, pues afirma Weismann, el plasma germinal de la especie jamás se genera de nuevo; únicamente crece y se multiplica sin cesar, se continúa de generación en generación... Si sólo consideramos esto desde el punto de vista de la multiplicación, las células germinales son en el individuo el elemento más importante, porque ellas solas conservan la especie, mientras que el cuerpo se ve casi reducido a la situación de un simple vivero de células germinales, del lugar donde éstas se forman, y, en condiciones favorables, se nutren, se reproducen y maduran» . El cuerpo vivo y sus células no son, según Weismann, más que el receptáculo y el medio nutricio para la substancia hereditaria y nunca pueden producir dicha substancia, «nunca pueden originar células germinales».

Así, pues, Weismann adjudica a la mítica substancia hereditaria la propiedad de existencia continua. Según él, esa substancia no se desarrolla y rige, al mismo tiempo, el desarrollo del cuerpo perecedero.

Más adelante dice: «...La substancia hereditaria de la célula germinal contiene en potencia, antes de su división de reducción, todos los elementos del cuerpo» . Y aunque Weismann dice que «en el plasma germinal no existe el determinante de la «nariz aguileña», lo mismo que no existe el determinante del ala de la mariposa con todas sus partes y partículas», sin embargo, a renglón seguido precisa su pensamiento, subrayando que, con todo, el plasma germinal «...contiene cierto número de determinantes que rigen sucesivamente, en todas sus fases, el desarrollo de todo un grupo de células que lleva a la formación de la nariz, de manera que el resultado debe ser una nariz aguileña, lo mismo que el ala de la mariposa con todas sus venillas, células, nervios, tráqueas, células glandulares, forma de las escamas y pigmentación surge como resultado de la acción sucesiva de múltiples determinantes sobre el proceso de re-producción de las células».

Como vemos, según Weismann, la substancia hereditaria no se produce de nuevo, no se desarrolla al desarrollarse el individuo, no puede sufrir ningún cambio dependiente.

Una substancia hereditaria inmortal, independiente de las peculiaridades cualitativas del desarrollo del cuerpo vivo y que dirige el cuerpo perecedero, pero no es engendrada por él: tal es la concepción francamente idealista y mística por su esencia que Weismann disfraza con la túnica verbal del «neodarwinismo».

Esta idea mística de Weismann ha sido plenamente aceptada y hasta, podemos decirlo, acentuada por el mendelismo-morganismo.

Al emprender el estudio de la herencia, Morgan, Johannsen y otros puntales del mendelismo-morganismo declararon desde el comienzo que estaban dispuestos a investigar los fenómenos de la herencia independientemente de la teoría darwinista de la evolución. Johannsen, por ejemplo, en su obra fundamental dice: «...uno de los objetivos más importantes de nuestro trabajo fue poner fin a la nociva dependencia en que se hallaba la teoría de la herencia respecto a las especulaciones en el dominio de la evolución» . El propósito de los morganistas al hacer semejantes declaraciones era terminar sus trabajos de investigación con asertos que, a fin de cuentas, venían a negar la evolución en la naturaleza viva o a considerarla como un proceso de cambios puramente cuantitativos.

Como hemos señalado antes, los choques entre la concepción materialista y la idealista en la Biología se han sucedido en el transcurso de toda su historia.

En la presente época de lucha entre dos mundos, se han definido con particular relieve las dos tendencias contrarias y opuestas que penetran las bases de casi todas las ramas de la Biología.

La agricultura socialista, el régimen de los koljoses y sovjoses ha engendrado una Biología nueva, propia, michurinista, soviética, que se desarrolla en estrecha unidad con la práctica agronómica, como Biología agronómica.

Los fundamentos de la Agrobiología soviética fueron sentados por Michurin y Williams. Ellos sintetizaron y desarrollaron lo mejor que la ciencia y la práctica acumularan en el pasado. Sus obras aportaron mucho, en principio nuevo, al conocimiento de la naturaleza de las plantas y del suelo, al conocimiento de la agricultura.

La estrecha ligazón de la ciencia y la práctica de los koljoses y sovjoses ofrece inagotables posibilidades para el desarrollo de la teoría y para un conocimiento cada vez mayor de la naturaleza de los cuerpos vivos y del suelo. No pecaré de exagerado al afirmar que la impotente «ciencia» metafísica morganista acerca de la naturaleza de los cuerpos vivos, ni siquiera puede compararse con nuestra eficaz Agrobiología michurinista.

La nueva y vigorosa tendencia en la Biología, mejor dicho, la nueva Biología soviética, la Agrobiología, ha sido recibida de uñas por los representantes de la Biología reaccionaria del extranjero y por varios hombres de ciencia de nuestro país.

Los representantes de la Biología reaccionaria, que se llaman neodarwinistas, weismanistas o, lo que es lo mismo, mendelistas-morganistas, defienden la llamada teoría cromosómica de la herencia.

Los mendelistas-morganistas afirman, siguiendo a Weismann, que en los cromosomas existe cierta «substancia hereditaria» especial, que se encuentra en el cuerpo del organismo como en un estuche y se transmite a las generaciones sucesivas, independientemente de las cualidades específicas del cuerpo y de sus condiciones de vida. Despréndese de esta concepción, que las nuevas tendencias y los nuevos caracteres adquiridos por el cuerpo en determinadas condiciones de su desarrollo y vida, no pueden ser hereditarias, no pueden tener significado evolutivo.

Según esta teoría, las propiedades adquiridas por los organismos vegetales y animales no pueden transmitirse de generación en generación, no pueden ser heredadas.

La teoría mendelista-morganista no incluye las condiciones de vida del cuerpo en el contenido del concepto científico «cuerpo vivo». Para los morganistas el medio externo no es más que un fondo si bien indispensable para la manifestación y el desenvolvimiento de estas o aquellas propiedades del cuerpo vivo, de acuerdo con su herencia. Por eso, los cambios cualitativos en la herencia de los cuerpos vivos (en su naturaleza) no dependen en absoluto, desde su punto de vista, de las condiciones del medio de las condiciones de vida.

Los representantes del neodarwinismo los mendelistas-morganistas estiman que la tendencia de los investigadores a regir la herencia de los organismos mediante la correspondiente modificación de las condiciones de vida de dichos organismos es por completo anticientífica. Por eso los mendelistas-morganistas tildan a la tendencia michurinista en la Agrobiología de neo-lamarckista, considerándola completamente falsa y anticientífica.

En realidad, ocurre todo lo contrario.

En primer lugar, a diferencia de la metafísica del neodarwinismo (weismanismo), las conocidas tesis del lamarckismo que reconocen el papel activo de las condiciones del medio externo en la formación del cuerpo vivo, y también la herencia de las propiedades adquiridas, no son, ni mucho menos, falsas, sino, por el contrario, del todo justas y completamente científicas.

En segundo lugar, la tendencia michurinista no puede ser llamada en modo alguno neolamarckista o neodarwinista. Es un darwinismo soviético, creador, que rechaza los errores de uno y de otro y está libre de los errores de la teoría de Darwin, en la parte relativa al falso esquema de Malthus, aceptado por Darwin.

No se puede negar que en la controversia entablada a principios del siglo xx por los weismanistas y los lamarckianos, los últimos estaban más cerca de la verdad, pues defendían los intereses de la ciencia, mientras que los weismanistas cayeron en el misticismo y rompieron con la ciencia.

El físico E. Schrodinger ha puesto al desnudo (inesperadamente para nuestros morganistas) el verdadero fondo ideológico de la Genética morganista. En su libro ¿Qué es la vida desde el punto de vista de la Física?, Schrodinger, al exponer, aprobándola, la teoría cromosómica de Weismann, hace varias conclusiones filosóficas. He aquí la principal de ellas: «El alma individual es igual al alma omnipresente, omnímoda e inmortal». Schrodinger considera esta su deducción como «...lo más que puede alcanzar un biólogo que quiera demostrar de un solo golpe la existencia de Dios y la inmortalidad del alma».

Nosotros, los representantes de la tendencia soviética, de la tendencia michurinista, afirmamos que la herencia de las propiedades adquiridas por las plantas y los animales en el proceso de su desarrollo es posible y necesaria. Iván Vladímirovich Michurin, basándose en sus experimentos y actividad práctica, realizó dichas posibilidades. Pero lo principal es que la doctrina de Michurin, expuesta en sus obras, abre a cada biólogo el camino para regir la naturaleza de los organismos vegetales y animales, el camino para modificarla en la dirección necesaria para la práctica, mediante la regulación de las condiciones de vida, es decir, por medios fisiológicos. Como vemos, la enconada lucha que ha dividido a los biólogos en dos campos irreconciliables se desencadenó en torno a la vieja cuestión : ¿Es posible la herencia de los caracteres y las propiedades adquiridos por los organismos vegetales y animales en el transcurso de su vida? En otras palabras : ¿Dependen los cambios cualitativos de la naturaleza de los organismos vegetales y animales de las condiciones de vida que actúan sobre el cuerpo vivo, sobre el organismo?

La doctrina de Michurin, materialista y dialéctica por su esencia, demuestra con hechos dicha dependencia.

La doctrina mendelista-morganista, metafísica e idealista por su esencia, niega dicha dependencia sin aportar ninguna prueba.

4. La escolástica del mendelismo-morganismo

La teoría cromosómica se basa en la absurda tesis de Weismann, que ya Timiriásev criticara, acerca de la continuidad del plasma germinal y de su independencia del soma. Los morganistas-mendelistas, siguiendo a Weismann, parten del supuesto de que los padres, genéticamente, no son los progenitores de sus hijos. Los padres y los hijos, según su teoría, son hermanos o hermanas.

Más aún: tanto los primeros (es decir, los padres) como los segundos (es decir, los hijos) no son en el fondo lo que son. No son más que pro-ductos accesorios del inagotable e imperecedero plasma germinal. Este, en cuanto a su variabilidad se refiere, es por completo independiente de su producto accesorio, es decir, del cuerpo del organismo.

Recurramos a una fuente como la Enciclopedia, donde se da, como es lógico, la quintaesencia de la cuestión.

T. Morgan, el fundador de la teoría cromosómica, escribe en su artículo «Herencia», publicado en los Estados Unidos en la edición de la Enciclopedia Americana de 1945: «Las células germinales conviértense posteriormente en las partes fundamentales del ovario y del testículo respectivamente. Por lo tanto, son por su origen independientes del resto del cuerpo y jamás han sido parte constituyente del mismo... La evolución es por su origen germinal y no somática (corporal. — T. L.) como se pensaba antes (subrayado por mí. — T. L.). Esta idea del origen de nuevos caracteres es aceptada en el presente casi por todos los biólogos».

Lo mismo, pero con otras palabras, dice Castle en el artículo «Genética», publicado también en la Enciclopedia Americana. Después de afirmar que ordinariamente el organismo se desarrolla a partir del huevo fecundado, Castle pasa a exponer los principios «científicos» de la Genética. Veamos cuáles son estos principios.

«En realidad, los padres no producen a los hijos ni tampoco, siquiera, la célula reproductora de la que éstos salen. Los padres mismos son un mero producto accesorio del huevo fecundado (o zigoto) del que han surgido. El producto directo del zigoto son otras células reproductoras similares a aquellas de las que él ha surgido... De aquí se desprende que la herencia (es decir, el parecido entre padres e hijos) depende de la estrecha conexión entre las células reproductoras que han formado al padre y las que han formado al hijo. Estas últimas son un producto inmediato y directo de las primeras.

El principio de la "continuidad de la substancia germinal" (de la substancia de las células reproductoras) es uno de los principios fundamentales de la Genética.

Este principio demuestra por qué los cambios operados en el cuerpo del padre bajo la influencia del medio ambiente no son heredados por su descendencia. Ocurre esto porque los descendientes no son un producto del cuerpo de los padres sino, simplemente, un producto de la substancia germinal que alberga dicho cuerpo...

Pertenece a Augusto Weismann el mérito de haber sido el primero que puso esto en claro. Por ello puede considerársele como a uno de los fundadores de la Genética...»

Para nosotros es evidente que los principios fundamentales del mendelismo-morganismo son falsos. No reflejan la realidad de la naturaleza viva y son un ejemplo de metafísica e idealismo.

Debido a esta evidencia, los mendelistas-morganistas de la Unión Soviética, aunque comparten por entero, en el pleno sentido de esta palabra, los principios del mendelismo-morganismo, suelen encubrirlos y velarlos púdicamente, suelen encubrir su metafísica y su idealismo con un caparazón verbal. Obran así porque temen quedar en ridículo ante los lectores y oyentes soviéticos, que saben perfectamente que los gérmenes de los organismos o células sexuales son un resultado de la actividad vital del organismo de los padres.

Y sólo a condición de que se silencien las tesis fundamentales del mendelismo-morganismo, a personas que no conocen detalladamente la vida y el desarrollo de las plantas y los animales puede parecerles que la teoría cromosómica de la herencia es un sistema armónico y hasta cierto punto correcto. Pero, en cuanto se admita la tesis absolutamente cierta y bien conocida de que las células sexuales o gérmenes de los nuevos organismos son producidos por el organismo, por su cuerpo, y no de manera directa por la célula sexual de la que procede el organismo ya maduro en cuestión, toda la «armónica» teoría cromosómica de la herencia se viene abajo por entero.

Lo dicho, claro está, no implica, en modo alguno, que negamos el papel biológico y la importancia de los cromosomas en el desarrollo de las células y del organismo; pero no es éste, ni mucho menos, el papel que los morganistas atribuyen a los cromosomas.

Puedo dar muchos ejemplos confirmativos de que nuestros mendelistas-morganistas comparten plenamente la teoría cromosómica de la herencia, su fundamento weismanista y sus deducciones idealistas.

Así, el académico Koltsov afirmaba lo siguiente : «Químicamente el genonema, con sus genes, permanece invariable durante toda la ovogénesis y no está sujeto al metabolismo, o sea, a los procesos de oxidación y reducción».   En esta tesis, absolutamente inadmisible para todo biólogo versado en su materia, se niega el metabolismo en una de las partes de las células vivas en desarrollo. ¿Quién no ve claro que esta conclusión de Koltsov coincide plenamente con la metafísica idealista del weismanismo-morganismo?

Esta errónea afirmación de Koltsov fue hecha en 1938. Hace mucho que ha sido desenmascarada por los michurinianos, y quizá no valdría la pena de volver al pasado si los morganistas no continuasen manteniendo hoy día las mismas posiciones anticientíficas.

Para mejor demostración de lo dicho recurriremos al libro de Schrodinger, ya citado por nosotros. En este libro el autor dice, en el fondo, lo mismo que Koltsov. Schrodinger comparte la concepción idealista de los morganistas y afirma también que existe «una substancia hereditaria no sometida en lo fundamental al desorden del movimiento término».   (Subrayado por mí. - T. L.).

 El traductor del libro de Schródinger, A. Malinovski (colaborador científico del laboratorio de N. Dubinin), en su comentario al libro se adhiere con pleno fundamento a la opinión de Haldane, relacionando la idea expuesta por Schrodinger con las concepciones de N. Koltsov.

En el comentario indicado A. Malinovski escribió en 1947:

«La idea de Schrodinger considerando el cromosoma como una molécula gigantesca ("el cristal aperiódico" de Schrodinger) fue formulada por primera vez por el biólogo soviético profesor Koltsov y no por Delbrück, a cuyo nombre asocia Schrodinger dicha concepción.»

En este caso no vale la pena esclarecer a quién corresponde la prioridad de esta opinión escolástica. Es mucho más importante la elevada apreciación que del libro de Schrodinger hace Malinovski, uno de nuestros morganistas domésticos.

Citaré algunos pasajes de esta apología:

«En su libro, Schrodinger, usando una forma entretenida y accesible tanto para el físico como para el biólogo, presenta al lector una nueva tendencia que se desarrolla rápidamente en la ciencia y que combina en grado considerable los métodos de la Física y de la Biología...»

«El libro de Schrodinger representa, hablando propiamente, los primeros resultados coherentes de dicha tendencia... Schrodinger ha hecho una gran aportación personal a esta nueva tendencia de la ciencia de la vida, lo que justifica en grado considerable la excelente acogida que ha dispensado a su libro la prensa científica del extranjero.»

Como no soy físico, no quiero hablar de los métodos de la Física que Schródinger combina con la Biología. Esta última tiene en el libro de Schrodinger un carácter auténticamente morganista, y eso es lo que suscita la admiración de Malinovski.

El apasionamiento con que el autor del comentario se deshace en alabanzas a Schrodinger nos habla con gran elocuencia de las concepciones y posiciones idealistas de nuestros biólogos morganistas.

M. Zavadovski, profesor de Biología de la Universidad de Moscú, escribe en su artículo «La cantidad científica de Thomas H. Morgan» : «Las ideas de Weismann tuvieron gran resonancia entre los biólogos y muchos de ellos siguieron caminos sugeridos por este investigador de gran talento. ...Thomas H. Morgan figuraba entre aquellos que apreciaron en todo su valor el contenido principal de las ideas de Weismann».

¿De qué «contenido principal» se habla aquí?

Se trata de una idea muy importante desde el punto de vista de Weismann y de todos los mendelistas-morganistas, incluido Zavadovski. Éste formula así la idea en cuestión: «¿Qué surgió antes, el huevo o la gallina?» A la cuestión planteada de manera tan tajante escribe Zavadovski— Weismann dio una respuesta precisa y categórica: el huevo».

¿Quién no ve claro que tanto la pregunta como la respuesta que Zavadovski da siguiendo a Weismann es un simple renacimiento, por cierto tardío, de la vieja escolástica?

En 1947, el profesor Zavadovski repite y defiende las mismas ideas que formulara en 1931 en su obra Dinámica del desarrollo del organismo. Aquí Zavadovski consideró necesario «unir firmemente su voz a la de Nussbaum, quien asevera que los productos sexuales no se desarrollan del organismo materno, sino de la misma fuente que éste» que «los corpúsculos seminales y los óvulos no proceden del organismo de los padres, sino que tienen con éste un origen común».   En las «conclusiones generales» de su obra, el profesor Zavadovski escribe: «El análisis nos lleva a la conclusión de que las células de la línea germinal no pueden considerarse como derivadas de los tejidos somáticos. Las células germinales y las células del soma no deben ser consideradas como una generación filial y paternal, sino como hermanas gemelas, de las cuales la una (el soma) es la nodriza, la defensora y la tutora de la otra».

El profesor de Biología N. Dubinin, especialista en Genética, escribe en su artículo «La Genética y el neolamarckismo»: «Sí, la Genética tiene completa razón al dividir el organismo en dos partes diferentes : el plasma hereditario y el soma. Más aún: esta división es una de sus tesis principales, es una de sus mayores sintetizaciones».

Huelga continuar la enumeración de autores como M. Zavadovski y N. Dubinin que expresan tan francamente el ABC del sistema de concepciones morganista. En los manuales de Genética que circulan en las escuelas de enseñanza superior, este ABC se llama reglas y leyes del mendelismo (regla de la dominancia, ley de la disyunción, ley de la pureza de los gametos, etc. Un ejemplo de la falta de juicio crítico con que los mendelistas-morganistas patrios aceptan la Genética idealista es el hecho de que hasta los últimos tiempos en muchos de nuestros centros de enseñanza superior se haya tenido como texto fundamental de Genética la traducción del manual de los norteamericanos Sinnott y Dunn, obra puramente morganista. En correspondencia con las tesis fundamentales de dicho manual, el profesor Dubinin escribió en su artículo «La Genética y el neolamarckismo» : «Así, pues, los hechos aportados por la Genética contemporánea no dan ningún fundamento para que se reconozca "la base de las bases" del lamarckismo, la idea de la herencia de los caracteres adquiridos». (Subrayado por mí. — T. L.).

Así, pues, los mendelistas-morganistas han arrojado por la borda la tesis de la posibilidad de la herencia de las variaciones adquiridas, una de las mayores conquistas en la historia de la Biología, cuya base fue asentada por Lamarck y que Darwin asimiló orgánicamente en su teoría.

Como vemos, a la doctrina materialista que afirma que las plantas y los animales pueden heredar las variaciones individuales de caracteres, adquiridas bajo la influencia de determinadas condiciones de vida, el mendelismo-morganismo opone la afirmación idealista que divide al cuerpo vivo en dos entidades independientes : el cuerpo perecedero ordinario (o soma) y una substancia hereditaria inmortal: el plasma germinal. Además, aseveran categóricamente que la modificación del «soma», es decir, del cuerpo vivo, no ejerce ninguna influencia en la substancia hereditaria.

5. La idea de la incognoscibilidad en la teoría de la «substancia hereditaria»

El mendelismo-morganismo atribuye un carácter indeterminado a las variaciones de la postulada y mítica «substancia hereditaria». Las mutaciones, es decir, los cambios de la «substancia hereditaria» carecen, según ellos, de una dirección definida. Este aserto de los morganistas hállase vinculado lógicamente a la base de las bases del mendelismo-morganismo, a la tesis de la independencia de la substancia hereditaria con respecto al cuerpo vivo y a sus condiciones de vida.

Al proclamar el «carácter indeterminado» de los cambios hereditarios, o «mutaciones», los morganistas-mendelistas conciben los cambios hereditarios como algo que en principio no se puede predecir. Es ésta una original concepción de la incognoscibilidad. Su nombre es idealismo en la Biología.

La afirmación del «carácter indeterminado» de la variabilidad cierra el camino a la previsión científica y, con ello, desarma a la práctica agrícola.

Partiendo de la doctrina anticientífica y reaccionaria del morganismo sobre la «variabilidad indeterminada», el académico Schmalhausen, jefe de la Cátedra de Darwinismo de la Universidad de Moscú, afirma en su obra Los factores de la evolución que la variabilidad hereditaria no depende, en sus rasgos específicos, de las condiciones de vida y está, por lo tanto, privada de dirección.

«...Los factores no asimilados por el organismo —escribe Schmalhausen—, si alcanzan en general a éste e influyen en él, pueden únicamente ejercer una acción indeterminada... Esa influencia únicamente puede ser indeterminada. Por consiguiente, serán indeterminados todos los nuevos cambios que se efectúen en el organismo y no tengan aún su pasado histórico. En esta categoría de cambios entrarán, sin embargo, no sólo las mutaciones, como nuevos cambios «hereditarios», sino toda modificación nueva, es decir, aparecida por primera vez».

En la página anterior Schmalhausen escribe : «Los factores del medio exterior, en lo fundamental, actúan en el desarrollo de cualquier individuo únicamente como agentes que liberan el curso de ciertos procesos y condiciones morfogenéticas que permiten consumar su realización».

Esta teoría formalista y autonomista de la «causa liberadora», en la que el papel de las condiciones exteriores redúcese a la realización de un proceso autónomo, ha sido demolida hace tiempo por el avance de la ciencia de vanguardia y desenmascarada por el materialismo como una doctrina anticientífica por su esencia, como una doctrina idealista.

Por cierto, Schmalhausen y otros seguidores patrios del morganismo extranjero apoyan sus afirmaciones invocando a Darwin. Al proclamar el «carácter indeterminado de la variabilidad», se aferran a las palabras dichas por Darwin sobre este particular. En efecto, Darwin habló del «carácter indeterminado de la variabilidad». Pero estas palabras de Darwin basábanse precisamente en el carácter limitado de la práctica de selección de su época. Darwin se daba perfecta cuenta de ello y escribió al respecto : «...en el presente no podemos explicar ni las causas ni la naturaleza de la variabilidad de los seres orgánicos».

«Esta cuestión es oscura, pero quizás nos sea útil convencernos de nuestra ignorancia».

 Los mendelistas-morganistas se aferran a todo lo caduco y falso que contiene la doctrina de Darwin y al propio tiempo desechan la médula materialista viva de la misma.

En nuestro país socialista, la doctrina del gran transformador de la naturaleza I. Michurin ha sentado una base, nueva en principio, para regir la variabilidad de los organismos vivos. El propio Michurin y sus discípulos, los michurinistas, han obtenido y obtienen, en gran escala, variaciones hereditarias dirigidas de los organismos vegetales. Pese a ello, Schmalhau-sen continúa hasta la fecha afirmando: «La aparición de mutaciones aisladas presenta todos los síntomas de los fenómenos fortuitos. Nosotros no podemos predecir ni suscitar a nuestro antojo esta o aquella mutación. No se ha logrado establecer hasta la fecha ninguna conexión regular entre la calidad de las mutaciones y cambios determinados en los factores del medio exterior».

Partiendo de la concepción morganista de las mutaciones, Schmalhausen ha proclamado una teoría profundamente falsa desde el punto de vista ideológico y que desarma a la práctica, la teoría de la llamada «selección estabilizadora». Según

Schmalhausen, la formación de razas y variedades sigue, de modo inevitable, una curva descendente: la formación de razas y variedades impetuosa en los albores de la cultura, va derrochando su «reserva de mutaciones» y se extingue gradualmente. «...Tanto la formación de razas de animales domésticos como la de variedades de plantas cultivadas -escribe Schmalhausen- ocurrió con tal excepcional rapidez, fundamentalmente, por lo visto, a cuenta de la reserva de variabilidad antes acumulada. La selección ulterior, estrictamente dirigida, es ya más lenta...».

La afirmación de Schmalhausen y toda su concepción de la «selección estabilizadora» son promorganistas.

Es sabido que Michurin creó en el transcurso de una sola generación más de trescientas nuevas variedades de plantas. Muchas de ellas fueron logradas sin hibridación sexual, y todas por medio de una selección rigurosamente dirigida, que incluía en sí la educación con arreglo a un plan. Ante estos hechos y ante las conquistas posteriores de los partidarios de la teoría michurinista, afirmar que la selección rigurosamente dirigida se va extinguiendo progresivamente, es calumniar a la ciencia de vanguardia.

Por lo visto, los hechos michurinianos molestan a Schmalhausen en la exposición de su teoría de la «selección estabilizadora». En su libro Los factores de la evolución sale de apuros silenciando por completo los trabajos de Michurin y la propia existencia de éste como hombre de ciencia. Schmalhausen ha escrito un voluminoso libro sobre los factores de la evolución y en ningún sitio, ni siquiera en el índice bibliográfico, menciona a K. Timiriásev o I. Michurin. Y eso que Timiriásev legó a la ciencia soviética una magnífica obra teórica titulada precisamente Los factores de la evolución orgánica.   Michurin y los michurinianos, por su parte, ponen los factores de la evolución al servicio de la agricultura, descubriendo nuevos factores y profundizando en el conocimiento de los viejos.

Schmalhausen se ha «olvidado» de los hombres de ciencia soviéticos de vanguardia, de los padres de la Biología soviética. Sin embargo, cita una y otra vez, para reforzar sus argumentos, manifestaciones de metafísicos morganistas grandes y pequeños, extranjeros y nacionales, manifestaciones de los líderes de la Biología reaccionaria.

Tal es el estilo del «darwinista» académico Schmalhausen. Y este libro fue recomendado en una reunión de la Facultad de Biología de la Universidad de Moscú como obra maestra de desarrollo creador del darwinismo. Dos decanos de Facultades de Biología - los de las Universidades de Moscú y Leningrado- han emitido un juicio entusiasta de este libro, encomiado también por T. Poliakov, profesor de Darwinismo de la Universidad de Járkov, por Y. Polianski, vicerrector de la Universidad de Leningrado, por B. M. Zavadovski, miembro de nuestra Academia, y por otros morganistas que suelen titularse darwinistas ortodoxos.

6. La esterilidad del morganismo-mendelismo

Reiteradamente, sin motivo, y muchas veces con propósitos calumniosos, los morganistas-mendelistas, es decir, los partidarios de la teoría cromosómica de la herencia, han afirmado que yo como presidente de la Academia de Agricultura y en interés de la orientación michuriniana, por mí compartida, he puesto trabas, aprovechando mi cargo, a la actividad de la orientación opuesta.

Desgraciadamente, hasta ahora ha ocurrido todo lo contrario y de ello, como presidente de la Academia de Agricultura de la U.R.S.S., se me puede y se me debe acusar. Me han faltado fuerzas y habilidad para aprovechar debidamente mi posición oficial a fin de crear condiciones que permitieran un mayor desarrollo de la orientación michuriniana en las diferentes ramas de la Biología y poner aunque sólo fuese ciertos límites a la actividad de los escolásticos y metafísicos de la orientación opuesta. En realidad, han sido los morganistas quienes han procedido así con la orientación representada por el presidente, es decir, con la orientación michuriniana.

Nosotros, los michurinistas, debemos confesar abiertamente que hasta ahora no hemos sabido utilizar como es debido toda las magníficas posibilidades creadas en nuestro país por el Partido y el Gobierno para desenmascarar definitivamente la metafísica morganista, importada toda ella del campo de la Biología reaccionaria extranjera, hostil a nosotros. La Academia, a la que se han incorporado recientemente muchos académicos michurinianos, está obligada, ahora, a cumplir tan cardinal tarea. Ello será también muy importante para la preparación de personal y para reforzar la ayuda de la ciencia a los koljoses y sovjoses.

El morganismo-mendelismo (la teoría cromosómica de la herencia), continúa enseñándose aún, en distintas versiones, en todas las escuelas superiores de Biología y Agronomía, mientras que la enseñanza de la Genética michuriniana prácticamente no se ha introducido. Muchas veces, los biólogos continuadores de la teoría de Michurin y Williams se han visto también en minoría en los medios científicos oficiales superiores. Estaban en minoría hasta hace poco en la Academia Lenin de Ciencias Agrícolas de la U.R.S.S. Gracias a la solicitud del Partido, del Gobierno y del camarada Stalin en persona, la situación de la Academia ha cambiado ahora radicalmente. Se han incorporado a ella —y muy pronto, en las próximas elecciones, es de suponer que se incorporarán aún más muchos nuevos académicos y miembros correspondientes michurinianos. Esto creará una nueva situación en la Academia y nuevas posibilidades para un mayor desarrollo de la doctrina michuriniana.

Es absolutamente errónea la afirmación de que hasta ahora se ha visto amordazada la teoría cromosómica de la herencia, basada en la metafísica y el idealismo más puros. Hasta la fecha ha ocurrido precisamente lo contrario.

En nuestro país hace ya tiempo que la tendencia michurinista en la Biología, por su efectividad práctica, se alza como una barrera en el camino de los partidarios de la citogenética morganista.

Conocedores de la utilidad práctica de las premisas teóricas de su «ciencia» metafísica y reacios a desecharlas y aceptar la eficaz tendencia michuriniana, los morganistas se afanaban y se afanan por frenar el desarrollo de la tendencia michurinista, hostil, por principio, a su seudociencia. Es una calumnia afirmar que alguien impide en nuestro país a la tendencia citogenética de la Biología vincularse a la práctica. No tienen en absoluto razón quienes afirman que «el derecho a la aplicación práctica de los frutos de su trabajo era monopolio del académico Lysenko y de sus partidarios.

El Ministerio de Agricultura podría señalar exactamente qué han propuesto los adeptos de la citogenética para que fuese aplicado en la práctica y si sus propuestas, en caso de que las haya habido, han sido aceptadas o rechazadas.

El Ministerio de Agricultura podría también decirnos cuáles de sus institutos de investigación científica (sin hablar ya de los docentes) no se han ocupado de la citogenética en general y en particular de la poliploidía de las plantas, obtenida mediante el empleo de la colchicina.

Yo sé que muchos institutos se han ocupado y se ocupan de este trabajo, a mi parecer poco productivo. Más aún; el Ministerio de Agricultura ha organizado un centro especial, con A. Zhebrak al frente, para ocuparse de las cuestiones de la poliploidia. Pienso que este centro, que durante varios años se ha dedicado exclusivamente a este trabajo (es decir, a la poliploidía), no ha dado nada, lo que se dice nada de valor práctico.

La futilidad de los fines prácticos y teóricos que persiguen los partidarios de la citogenética morganista en nuestro país, puede verse, aunque nada más sea, en el ejemplo siguiente.

El profesor de Genética N. Dubinin, miembro correspondiente de la Academia de Ciencias de la U.R.S.S., que según nuestros propios morganistas es el más destacado de ellos, lleva muchos años tratando de aclarar las diferencias de los núcleos celulares de las moscas del vinagre en la ciudad y en el campo.

Para mayor claridad indicaremos lo siguiente. Dubinin no estudia los cambios cualitativos -en el caso dado, del núcleo celular— en dependencia de la acción de condiciones de vida cualitativamente distintas. No estudia la herencia de los caracteres adquiridos por las moscas del vinagre bajo la influencia de determinadas condiciones de vida, sino los cambios, recognoscibles por los cromosomas, que se han operado en la población de dichas moscas a consecuencia del simple exterminio de parte de ellas, en particular durante la guerra. Dubinin, lo mismo que otros morganistas, llama a este exterminio «selección». (Risas.) Semejante «selección», idéntica a la función de un simple cedazo y que no tiene nada de común con el verdadero papel creador de la selección, es el objeto del estudio de Dubinin.

La obra de Dubinin se titula : La variabilidad de la estructura de los cromosomas en las poblaciones de la ciudad y del campo.

Citaré algunos pasajes de la obra.

«Al investigar algunas poblaciones de D. funebris en el trabajo de 1937, observé notables diferencias en cuanto a la concentración de las inversiones. Tiniakov, basándose en un material abundante, destacó este fenómeno. Sin embargo, únicamente el análisis de 1944-1945 nos ha demostrado que estas diferencias esenciales de las populaciones están vinculadas a las diferentes condiciones de habitación en la ciudad y en el campo.

«La población de Moscú tiene 8 órdenes diferentes de genes. En el segundo cromosoma hay 4 órdenes (el standard y 3 inversiones distintas). Una inversión en el cromosoma III y una en el IV... La inv. II-1 se extiende desde 23 C hasta 41 B. La inv. II-2 desde 29 A hasta 32 B. La inv. II-3 desde 32 13 hasta 34 C. La inv. III desde 50 A hasta 56 A. La inv. IV-1 desde 67 C hasta 73 A/B. En los años 1943-1945 se ha estudiado el cariotipo de 3.315 individuos en la población de Moscú. Ésta contenía enormes concentraciones de inversiones que resultaron distintas en los diferentes distritos de la ciudad de Moscú».

Durante la guerra y después de ésta, Dubinin ha continuado sus investigaciones, ocupándose del problema de las moscas del vinagre en la ciudad de Vorónezh y en sus alrededores. Dubinin escribe:

«La destrucción de los centros industriales durante la guerra alteró las condiciones normales de la vida. Las poblaciones de Drosófila se vieron en condiciones de existencia tan rigurosas que, posiblemente, superaban la crudeza de la invernada en zonas rurales. Era de gran interés estudiar la influencia de los cambios de las condiciones de vida provocados por la guerra en la estructura cariotípica de las populaciones de la ciudad. En la primavera de 1945 estudiamos las poblaciones de la ciudad de Vorónezh, una de las más destruidas por la invasión alemana. Entre 225 individuos encontramos únicamente dos moscas heterocigóticas según la inversión II-2 (0,88 %). Así, pues, las concentraciones de inversiones en esta gran ciudad resultaron inferiores a las de algunas zonas rurales. Observamos, pues, la catastrófica acción de la selección natural en la estructura cariotípica de la población».

Como vemos, Dubinin expone su obra de manera que, exteriormente, puede parecer a algunos hasta científica. Por algo este trabajo figuraba como uno de los principales cuando se eligió a Dubinin miembro correspondiente de la Academia de Ciencias de la U.R.S.S.

Pero si se expone esta obra más sencillamente, despojándola de su ropaje verbal seudocientífico y sustituyendo el argot morganista por palabras corrientes, viene a resultar lo que sigue: Después de muchos años de trabajo, Dubinin «ha enriquecido la ciencia», descubriendo que entre la población drosofílica de la ciudad de Vorónezh y sus alrededores aumentó durante la guerra el tanto por ciento de moscas con unas peculiaridades cromosómicas y decreció el de moscas con otras peculiaridades cromosómicas (en el argot morganista se da a esto el nombre de «concentración de la inversión» II-2).

Dubinin no se limita a los descubrimientos hechos por él durante la guerra, y que «tanto valor» tienen para la teoría y la práctica; se plantea tareas para el período de la restauración y escribe:

«Sería muy interesante estudiar en los años siguientes el restablecimiento de la estructura cariotípica de la población de la ciudad en conexión con el restablecimiento de las condiciones de vida normales».   (Animación en la sala. Risas.)

Aquí tenemos una típica «aportación» de los morganistas a la ciencia y a la práctica antes de la guerra y durante ésta, y tales son las perspectivas de la «ciencia» morganista para el período de la restauración. (Aplausos.)

7. La doctrina de Michurin, base de la Biología científica

En oposición al mendelismo-morganismo, con su afirmación de que las causas de la variabilidad de la naturaleza de los organismos son incognoscibles y su negación de la posibilidad de regir los cambios de la naturaleza de las plantas y de los animales, el lema de Michurin dice: «No podemos esperar mercedes de la naturaleza; nuestra misión es arrancárselas». Basándose en sus estudios e investigaciones. I. Michurin llegó a la siguiente conclusión importantísima: «Con la ingerencia del hombre se puede forzar a cada forma animal o vegetal a variar más rápidamente y en la dirección que el hombre desee. Esto abre al hombre un vasto campo de la más útil actividad...».

La doctrina de Michurin rechaza categóricamente la tesis fundamental del mendelismo-morganismo, que afirma que las propiedades de la herencia son por completo independientes de las condiciones de vida de las plantas y de los animales. La doctrina de Michurin no reconoce la existencia en el organismo de una substancia hereditaria independiente de su cuerpo. Las variaciones de la herencia del organismo o de la de alguna de las partes de su cuerpo son siempre resultado de variaciones experimentadas por el propio cuerpo vivo. Las variaciones del cuerpo vivo se deben, a su vez, a desviaciones de la norma del tipo de asimilación y desasimilación, a alteraciones, desviaciones de la norma del tipo de metabolismo. Aunque las variaciones de los organismos o de sus diferentes órganos y propiedades no siempre, ni en pleno grado, son transmitidas a la descendencia, los gérmenes modificados de los nuevos organismos en gestación son siempre y únicamente el resultado de variaciones del cuerpo del organismo progenitor, debidas a la influencia directa o indirecta de las condiciones de vida sobre el desarrollo del organismo o de algunas de sus partes, incluidos los gérmenes sexuales y vegetativos. Las variaciones de la herencia, la adquisición de nuevas propiedades y su fortalecimiento y acumulación durante varias generaciones consecutivas, dependen siempre de las condiciones de vida del organismo. La herencia cambia y se complica mediante la acumulación de los nuevos caracteres y propiedades adquiridos por los organismos en una serie de generaciones.

El organismo y las condiciones necesarias para su vida constituyen un todo único. Diferentes cuerpos vivos requieren para su desarrollo diferentes condiciones del medio exterior. Al estudiar las peculiaridades de estas exigencias, llegamos a conocer las particularidades cualitativas de la naturaleza de los organismos, las peculiaridades cualitativas de la herencia. La herencia es la propiedad del cuerpo vivo de requerir determinadas condiciones para su vida y su desarrollo y de reaccionar de una manera determinada ante unas u otras condiciones.

El conocimiento de las exigencias naturales y de la actitud del organismo frente a las condiciones del medio externo permite regir la vida y el desarrollo de dicho organismo. Regulando las condiciones de vida y de desarrollo de las plantas y los animales, podemos penetrar más y más profundamente en su naturaleza y establecer, así, los medios para variar-la en la dirección que el hombre necesite. Sobre la base del conocimiento de los medios para regir el desarrollo, se puede cambiar la herencia de los organismos en una dirección concreta. Cada cuerpo vivo se forma él mismo, utilizando a su manera las condiciones del medio externo y de acuerdo con su herencia; por eso, en un mismo medio viven y se desarrollan distintos organismos. Como regla, cada generación de plantas o de animales se desarrolla en muchos aspectos como las precedentes, sobre todo como las más inmediatas. La reproducción de semejantes es un rasgo característico de todos los cuerpos vivos.

En los casos en que el organismo encuentra en el medio ambiente condiciones adecuadas a su herencia, el desarrollo del organismo sigue el mismo curso que en las generaciones anteriores. Cuando, por el contrario, los organismos no encuentran las condiciones que necesitan y tienen que asimilar forzadamente condiciones del medio externo que en uno u otro grado no acuerdan con su naturaleza, se obtienen organismos o determinadas partes de sus cuerpos más o menos diferentes de la generación anterior. Si la parte alterada es punto de partida para una nueva generación, ésta, por sus necesidades y naturaleza, diferirá ya, en uno u otro grado, de las generaciones anteriores.

La causa de los cambios en la naturaleza del cuerpo vivo es un cambio del tipo de asimilación, del tipo de metabolismo. El proceso de yarovización de los cereales de primavera, por ejemplo, no exige temperaturas bajas. La yarovización de los cereales de primavera discurre normalmente si la temperatura corresponde a la habitual en primavera y en verano en el campo. Pero si los cereales de primavera son yarovizados a temperaturas bajas, las plantas de primavera pueden convertirse en plantas de otoño al cabo de dos o tres generaciones. Los cereales de otoño, a su vez, no pueden pasar el proceso de yarovización de no realizarse éste a temperaturas más bajas de la normal. Este ejemplo concreto demuestra de qué manera se crea en la descendencia de estas plantas un nuevo requerimiento: el de temperaturas más bajas para la yarovización.

Las células sexuales y todas las demás células por las que los organismos se multiplican, obtiénense como resultado del desarrollo de todo el organismo, mediante el metabolismo. El camino de desarrollo recorrido por el organismo parece acumulado en las células de las que toma su origen la nueva generación.

Por eso, puede decirse: en la medida en que la nueva generación (de plantas, supongamos) se estructura de nuevo el cuerpo de este organismo, en la misma medida se desarrollan también todas sus propiedades, incluida la herencia.

En un mismo organismo el desarrollo de distintas células y de las distintas partes de las mismas, el desarrollo de determinados procesos exige diferentes condiciones del medio exterior.

Además, estas condiciones son asimiladas de manera diferente. Es necesario subrayar que en el caso dado se entiende por exterior lo que se asimila y por interior lo que asimila.

La vida del organismo pasa por un número infinito de procesos regulares, de transformaciones. El alimento que llega al organismo procedente del medio exterior es asimilado por el cuerpo vivo a través de una sucesión de diferentes transformaciones, convirtiéndose de exterior en interior. Y este interior, que es vivo, que inicia un intercambio de substancias con otras células y partículas del cuerpo, las alimenta, transformándose así, respecto a ellas, en exterior.

En el desarrollo de los organismos vegetales se observan dos clases de cambios cualitativos.

1. Los cambios vinculados al proceso de realización del ciclo individual de desarrollo, en el que las necesidades naturales, es decir, la herencia, son satisfechas normalmente por condiciones adecuadas del medio exterior. Como resultado se obtiene un cuerpo de la misma variedad y con la misma herencia que las generaciones precedentes.

2. Los cambios de la naturaleza, es decir, los cambios de la herencia. Estos cambios son también resultado del desarrollo individual, pero de un desarrollo individual desviado del pro-ceso normal y corriente. Los cambios de la herencia son habitualmente resultado del desarrollo del organismo en condiciones del medio exterior que no responden, en una u otra medida, a las necesidades naturales de la forma orgánica dada.

Los cambios de las condiciones de vida traen consigo cambios obligados del propio tipo de desarrollo de los organismos vegetales. La variación del tipo de desarrollo es, pues, la causa original del cambio de la herencia. Todos los organismos que no pueden cambiar de acuerdo con las condiciones de vida modificadas no sobreviven, no dejan descendencia.

Los organismos, y por lo tanto su naturaleza, únicamente se crean en el proceso del desarrollo. Como es natural, el cuerpo vivo también puede sufrir alteraciones no vinculadas a su desarrollo (quemadura, rotura de articulaciones, desgajamiento de raíces, etc.), pero estos cambios, sin embargo, no serán característicos del proceso vital ni necesarios para éste.

Numerosos hechos demuestran que los cambios experimentados por las diferentes partes del cuerpo del organismo vegetal o animal no quedan fijados en las células sexuales con la misma frecuencia y en el mismo grado.

Explícase esto porque el proceso de desarrollo de cada órgano, de cada partícula del cuerpo vivo exige en cierto grado determinadas condiciones del medio exterior. Estas condiciones son elegidas del medio circundante por el desarrollo de cada órgano y del más pequeño orgánulo. Por eso, si ésta o la otra parte del cuerpo del organismo en desarrollo se ve forzada a asimilar condiciones relativamente no habituales para él y debido a ello sufre una modificación, diferenciándose de las partes análogas del cuerpo de la generación precedente, las substancias que de él afluyen a las células contiguas pueden no ser elegidas por éstas y quedar excluidas de la ulterior cadena de procesos correspondientes. Como es lógico, la conexión de la parte modificada del cuerpo del organismo vegetal con las otras partes del cuerpo continuará existiendo, pues de lo contrario no podría vivir, pero esta conexión puede no ser recíproca en plena medida. La parte del cuerpo modificada recibirá éste o el otro alimento de las partes vecinas; pero no podrá dar sus substancias propias, específicas, pues las partes vecinas no las elegirán.

Esto explica el fenómeno frecuentemente observado de que a veces las modificaciones de los órganos, caracteres o propiedades del organismo no aparecen en la descendencia. Sin embargo, las partes modificadas del cuerpo del organismo progenitor siempre poseen una herencia modificada. La práctica de la fruticultura y de la floricultura conoce estos hechos desde hace mucho. La rama o yema modificada del árbol frutal o el ojo (yema) modificado del tubérculo de la patata no pueden, como regla, influir en la variación de la herencia de la descendencia del árbol o tubérculo dado, que no es generado directamente por las partes modificadas del organismo progenitor. Si la parte modificada se desgaja y se cultiva como una planta aislada, independiente, esta última poseerá ya, como regla, una herencia cambiada, la herencia que caracteriza a la parte modificada del cuerpo progenitor.

El grado de transmisión hereditaria de las variaciones dependerá del grado en que las substancias de la parte modificada del cuerpo se incluyen en el proceso general que lleva a la formación de las células reproductoras sexuales o vegetativas.

Una vez que conocemos cómo se estructura la herencia de un organismo, podemos cambiarla en dirección definida creando condiciones de-terminadas en un determinado momento del desarrollo del organismo.

Las buenas variedades de plantas, lo mismo que las buenas razas de animales, se han obtenido y se obtienen en la práctica únicamente a condición de que se apliquen buenos métodos agrotécnicos y zootécnicos. Si los métodos de cultivo son malos, lejos de obtener buenas variedades de las malas, en muchos casos incluso las buenas variedades degenerarán al cabo de algunas generaciones. La regla fundamental del cultivo de semillas dice que las plantas de los semilleros deben ser cultivadas lo mejor posible. Para ello se deben crear mediante la agrotecnia condiciones favorables, que correspondan al óptimo de los requerimientos hereditarios de la planta dada. Las mejores plantas entre las bien cultivadas deben seleccionarse y se seleccionan para semillas. Así es como se mejoran en la práctica las especies vegetales. En malas condiciones de cultivo (es decir, si se aplica una agrotecnia desacertada), por más que se seleccionen las mejores plantas para semillas, no se obtendrán los resultados apetecidos. Con tal cultivo todas las semillas obtenidas serán malas, y las mejores de ellas serán de todas formas malas. Según la teoría cromosómica de la herencia, los híbridos únicamente pueden ser obtenidos por vía sexual. La teoría cromosómica niega la posibilidad de obtener híbridos por vía vegetativa, pues niega que las condiciones de vida ejerzan una influencia específica sobre la naturaleza de las plantas. Michurin, por el contrario, no sólo reconoció la posibilidad de obtener híbridos por vía vegetativa, sino que elaboró el método del mentor. Este método consiste en lo siguiente: injertando púas (ramas) de estas o aquellas viejas variedades de árboles frutales en la corona de una variedad joven, ésta adquiere propiedades que no tiene y que le son transmitidas por las ramas injertadas de la vieja especie. Por eso I. Michurin dio a este método el nombre de mentor. Como mentor puede utilizarse también el patrón. De esta forma Michurin produjo o mejoró muchas variedades nuevas de excelente calidad.

Michurin y los michurinistas han encontrado métodos para obtener híbridos vegetativos en gran escala.

Los híbridos vegetativos son una prueba elocuente de que la concepción de la herencia formulada por Michurin es acertada. Al mismo tiempo, dichos híbridos representan un obstáculo insuperable para la teoría de los mendelistas-morganistas.

Los organismos no formados, que no han pasado todo el ciclo de su desarrollo estadial, al ser injertados cambiarán siempre su desarrollo en comparación con las plantas que tienen raíces propias, es decir, con las plantas no injertadas. Al unir las plantas mediante injerto se obtiene un organismo de raza heterogénea, de la raza de la púa y de la del patrón. Si se siembran las semillas de la púa o del patrón, puede obtenerse una descendencia de plantas, algunos de cuyos individuos no sólo poseerán las propiedades de la raza de cuyo fruto ha sido tomada la semilla, sino también las de aquélla con que la primera ha sido unida mediante injerto.

Es evidente que la púa y el patrón no han podido intercambiar los cromosomas de los núcleos celulares; sin embargo, los caracteres hereditarios han sido transmitidos del patrón a la púa y viceversa. Por consiguiente, las substancias plásticas producidas por el patrón y la púa lo mismo que los cromosomas, lo mismo que cualquier partícula del cuerpo vivo, poseen propiedades de raza, están dotadas de una herencia determinada.

Cualquier carácter puede transmitirse de una raza a otra, tanto mediante injerto como por vía sexual.

La riqueza de material concreto relativo a la transmisión vegetativa de los diferentes caracteres de la patata, el tomate y otras muchas plantas, nos lleva a la conclusión de que los híbridos obtenidos por vía vegetativa no se diferencian en principio de los obtenidos por vía sexual.

Los representantes de la Genética morganista-mendelista, no sólo son incapaces de obtener variaciones de la herencia en una dirección determinada, sino que, además, niegan categóricamente la posibilidad de cambiar la herencia de manera adecuada a la acción del medio exterior. Por el contrario, partiendo de los principios de la doctrina michurinista, se puede cambiar la herencia en plena correspondencia con el efecto de la acción de las condiciones de vida.

Señalaremos al respecto, aunque sólo sea, los experimentos para convertir las formas de cereales de primavera en formas de otoño y las formas aún más resistentes al frío, experimentos realizados en algunas partes de Siberia, por ejemplo, donde los inviernos son muy crudos. Estos experimentos no sólo tienen interés teórico; tienen un gran valor práctico para la obtención de variedades resistentes al frío. Poseemos ya varias formas de trigo de otoño, obtenidas de formas de primavera, que por su resistencia al frío no son inferiores, y en algunos casos superan a las variedades más resistentes al frío conocidas en la práctica.

Muchos experimentos nos demuestran que cuando una propiedad hereditaria vieja y estabilizada es eliminada, no se obtiene al punto una nueva herencia estabilizada y sólida. En la inmensa mayoría de los casos se obtienen organismos con una naturaleza plástica, a la que I. Michurin dio el nombre de «quebrantada».

Los organismos vegetales con una naturaleza «quebrantada» son aquellos cuyo conservadurismo ha sido eliminado y cuya electividad con respecto a las condiciones del medio exterior ha sido debilitada. En lugar de la herencia conservadora, dichas plantas sólo conservan —o aparece en ellas— una inclinación a mostrar cierta preferencia por determinadas condiciones.

La naturaleza del organismo vegetal puede ser quebrantada:

1) mediante injerto, es decir, por la unión de tejidos de plantas de diferentes variedades;

2) por el influjo de las condiciones exteriores en momentos determinados, cuando el organismo pasa por uno u otro proceso de su desarrollo;

3) mediante el cruce, particularmente de formas que se diferencian notablemente por su habitación u origen.

Los mejores biólogos, y en primer lugar y sobre todo I. Michurin, han prestado gran atención al valor práctico de los organismos vegetales con herencia quebrantada. Las formas vegetales plásticas con herencias aun inestables, obtenidas por uno u otro método, deben ser cultivadas posteriormente, de generación en generación, en las condiciones cuya necesidad queremos lograr y fijar en los organismos dados o a las cuales deseamos adaptarlos.

En la mayoría de las formas vegetales y animales, las nuevas generaciones se desarrollan tan sólo después de la fecundación, es decir, de la fusión de las células sexuales femeninas y masculinas. La importancia biológica del proceso de fecundación es que así se obtienen organismos con una herencia dual: la materna y la paterna. La herencia dual comunica una mayor vitalidad a los organismos y da una amplitud mayor a su capacidad de adaptación a las condiciones de vida variantes.

Es la utilidad de enriquecer la herencia lo que determina la necesidad biológica del cruce de formas que se diferencian aunque sólo sea ligeramente.

La renovación y el reforzamiento de la vitalidad de las formas vegetales pueden también llevarse a cabo por el método vegetativo, asexual. Lógrase ello mediante la asimilación por el cuerpo vivo de nuevas condiciones exteriores a las que no está habituado. En condiciones experimentales —en la hibridación vegetativa y en los experimentos realizados con el objeto de transformar en formas de primavera las de otoño o viceversa, lo mismo que en otros casos de quebrantamiento de la naturaleza de los organismos—, podemos observar la renovación y el fortalecimiento de la vitalidad de los organismos.

Regulando las condiciones del medio exterior, las condiciones de vida de los organismos vegetales, podemos cambiar las variedades en una dirección determinada y crear variedades con la herencia deseable.

La herencia es el resultado de la concentración del efecto de las condiciones del medio exterior asimiladas por el organismo en una serie de generaciones precedentes.

Mediante una hábil hibridación, por el método de la conjugación sexual de las razas, se puede unir de golpe en un solo organismo lo que ha sido asimilado y fijado por muchas generaciones en las razas que se cruzan. Sin embargo, de acuerdo con la doctrina de Michurin, no hay hibridación capaz de producir resultados positivos a menos de que sean creadas las condiciones contribuyentes al desarrollo de las propiedades cuya herencia queremos desarrollar en la variedad nueva o mejorada.

Me he limitado a exponer la doctrina de Michurin en sus rasgos más generales. Lo importante aquí es subrayar la absoluta necesidad de que todos los biólogos soviéticos estudien lo más profundamente posible esta doctrina. El mejor camino para que los hombres de ciencia de las distintas ramas de la Biología dominen las eficientes profundidades teóricas de la doctrina de Michurin es el estudio, la reiterada lectura de las obras de Michurin y su análisis con vistas a resolver problemas de importancia práctica.

La agricultura socialista necesita de una teoría biológica desarrollada y profunda, que pueda ayudarnos a perfeccionar rápida y acertadamente los métodos agronómicos de cultivo de las plantas y de obtención de cosechas elevadas y estables. Necesita una profunda teoría biológica que ayude a los agricultores a obtener en breve plazo las necesarias variedades de plantas altamente productivas, que respondan por sus propiedades específicas a la elevada fertilidad que los koljosianos están creando en sus campos.

La unidad de la teoría y la práctica es el camino real que debe seguir la ciencia soviética. La doctrina de Michurin es precisamente la que encarna del mejor modo esta unidad en la Biología.

En mis discursos y escritos he citado numerosos ejemplos de fecunda aplicación de la doctrina de Michurin para resolver cuestiones de importancia práctica en las distintas ramas del cultivo de las plantas. Aquí me tomaré la libertad de detenerme brevemente en ciertos problemas de la ganadería.

Lo mismo que las formas vegetales, las animales se han formado y se forman en estrecha ligazón con sus condiciones de vida, con las condiciones del medio exterior. El alimento y las condiciones en que se tiene a los animales domésticos constituyen la base para la elevación de la productividad de los mismos, el mejoramiento de las razas existentes y la creación de otras nuevas. Esto es particularmente importante para elevar la eficacia de la mestización. Diferentes razas de animales domésticos han sido y son producidas por el hombre con diferentes finalidades y bajo distintas condiciones. Por ello cada raza requiere sus propias condiciones de vida, las mismas que han contribuido a su formación.

Cuanto mayores sean las divergencias entre las propiedades biológicas de una raza y las condiciones de vida que se establecen para los animales de esta raza, menor será el valor económico de la misma.

Por ejemplo, el ganado lechero poco productivo, que por naturaleza no puede dar mucha leche, consume los pastos y el forraje suculento y concentrado con menor utilidad económica que el ganado lechero de elevada productividad. En estos casos la primera raza, desde el punto de vista económico, no responde, evidentemente a las condiciones que se le ofrecen. Tal raza debe ser notablemente mejorada mediante la mestización, y puesta al nivel de las condiciones de alimentación y mantenimiento.

Por el contrario, la raza de ganado lechero de elevada productividad, en condiciones de mala alimentación y mantenimiento, además de no proporcionar, como es natural, la producción correspondiente a su raza, ve reducidas sus posibilidades de sobrevivir. En estos casos las condiciones de alimentación y mantenimiento deben ser considerablemente mejoradas, en forma adecuada a la raza en cuestión.

Nuestra ciencia y práctica, partiendo del plan del Estado para obtener productos ganaderos de buena calidad y en la cantidad requerida, debe organizar todo su trabajo de acuerdo con el siguiente principio: seleccionar y mejorar las razas de acuerdo con las condiciones de alimentación, mantenimiento y clima, creando al mismo tiempo y en estrecha relación con lo anterior las condiciones de alimentación y mantenimiento correspondientes a las razas dadas.

La selección y elección de los animales de raza que mejor correspondan al fin requerido y el mejoramiento simultáneo de las condiciones de alimentación, mantenimiento y cuidado contribuyentes al desarrollo de los animales en la dirección deseada es el principal método para mejorar ininterrumpidamente las razas.

El mestizaje es un procedimiento radical y rápido de modificar las razas, es decir, la progenie de los animales dados.

Al realizar el mestizaje -cruce de dos razas- se opera algo parecido a la unión de las dos razas tomadas para el cruce y obtenidas por el hombre en el transcurso de un largo periodo mediante la creación de diferentes condiciones de vida para los animales. Pero la naturaleza (la herencia) de los mestizos, particularmente en la primera generación, suele ser inestable y cede con facilidad a la acción de las condiciones de vida, alimentación y mantenimiento.

Por tanto, en el mestizaje es de singular importancia que al escoger una raza con el objeto de mejorar otra local se tengan en cuenta las condiciones de alimentación, mantenimiento y clima. Al mismo tiempo, con el fin de desarrollar los caracteres y propiedades que queremos proporcionar a la raza local por medio de la mestización, debemos asegurar condiciones de alimentación y mantenimiento que correspondan al desarrollo de las nuevas propiedades que mejoran la raza en cuestión; de otro modo podemos no lograr proporcionarle las cualidades deseadas y la raza que tratamos de mejorar puede incluso perder algunas de las buenas que ya posee.

Hemos citado un ejemplo de aplicación de los principios generales de la doctrina de Michurin a la ganadería para demostrar que la Genetica sovietica michuriniana, que descubre las leyes generales del desarrollo de los cuerpos vivos con vistas a la solución de problemas de importancia práctica, se puede aplicar también a la ganadería.

El dominio de la doctrina de Michurin debe ser al mismo tiempo desarrollo y profundización de la misma, desarrollo de la Biología científica. En este sentido debe discurrir precisamente la capacitación del contingente de biólogos michurinistas, tan necesario para prestar una ayuda científica creciente a los koljoses y sovjoses en la resolución de las tareas que plantean a estos el Partido y el Gobierno. (Aplausos.)

8. Enseñemos la doctrina de Michurin a los jóvenes biólogos soviéticos

Desgraciadamente, hasta la fecha no se ha organizado la enseñanza de la doctrina de Michurin en nuestros centros docentes. Nosotros, los michurinistas, tenemos gran parte de la culpa. Pero no será erróneo decir que también tienen culpa de ello el Ministerio de Agricultura y el Ministerio de Enseñanza Superior. Hasta ahora, el mendelismo-morganismo se enseña en las Cátedras de Genética y Selección, y en muchos casos también en las de Darwinismo, de la mayoría de nuestras instituciones docentes, mientras que la doctrina de Michurin, la tendencia michurinista en la ciencia, cultivada solícitamente por el Partido bolchevique y por la realidad soviética, permanece en la sombra.

Lo mismo puede decirse de la preparación de jóvenes hombres de ciencia. Para ilustrar mi aserto me referiré a lo siguiente. En el artículo "Sobre las tesis doctorales y la responsabilidad de los opositores", publicado en la revista Boletín de la Escuela Superior, el académico Zhukovski, presidente de la Comisión biológica calificadora aneja al Comité Superior de títulos académicos, escribió: «En cuanto a las tesis sobre Genética, nos hallamos en una situación crítica. Dichas tesis son muy raras, pueden contarse con los dedos de una mano. Explicase esto por las relaciones anormales, que adquieren carácter de hostilidad, entre los adeptos de la teoría cromosómica de la herencia y sus adversarios. Diremos, en honor a la verdad, que los primeros temen un poco a los segundos, muy agresivos en su polémica. Lo mejor sería poner fin a esta situación. Ni el Partido ni el Gobierno prohiben la teoría cromosómica de la herencia y esta enséñase libremente en las cátedras de los centros de enseñanza superior. En lo que respecta a la polémica, dejemos que continúe».

Ante todo, haremos notar que, con su declaración, Zhukovski confirma que la teoría cromosómica de la herencia es libremente enseñada en las cátedras de los centros docentes. En eso tiene razón. Pero él quiere más: desea un mayor florecimiento del mendelismo-morganismo en nuestros centros de enseñanza superior. Quiere que tengamos el máximo posible de morganistas-mendelistas licenciados y doctores en ciencias, para que en nuestros centros de enseñanza superior se propague en escala mayor aun el mendelismo-morganismo. A este fin, hablando propiamente, está consagrada gran parte del artículo del académico Zhukovski, reflejando su Línea general como presidente de la Comision biológica calificadora.

Nada de extraño tiene, pues, que la Comisión ponga toda suerte de obstáculos a las tesis sobre Genética cuyos autores intentan, aunque sea tímidamente, desarrollar este o el otro principio de la Genética michuriniana. En cambio, las tesis de los morganistas, a quienes Zhukovski protege, aparecían y eran aprobadas no tan raramente; en todo caso, con mucha mayor frecuencia de lo requerido por los intereses de la verdadera ciencia. Cierto es que esas tesis de tendencia morganista eran más escasas de lo que lo hubiese deseado el académico Zhukovski. Sus razones hay para ello. Los jóvenes de ciencia que ven claro en las cuestiones filosóficas se han dado cuenta en los últimos años, bajo la influencia de la crítica michurinista del morganismo, que las concepciones morganistas son completamente ajenas a la ideología del hombre soviético. En estas circunstancias dice muy poco en favor del academico Zhukovski la posición por él adoptada al aconsejar a los jóvenes biólogos que no presten atención a la crítica michurinista del morganismo y continúen desarrollando este último.

Los biólogos soviéticos tienen razón cuando manifiestan su recelo hacia las concepciones del morganismo y se niegan a escuchar la escolástica de la teoría cromosómica. Ganaran siempre y en todo si meditan con mayor frecuencia y más detenidamente lo que decía Michurin de esta misma escolastica.

I. Michurin consideraba que el mendelismo «...contradice la verdad natural en la naturaleza, ante la cual no puede resistir ningún artificioso conglomerado de fenómenos erróneamente comprendidos. Quisiera, dice Michurin, que el observador de criterio imparcial se detuviese en esto y comprobase personalmente la verdad de mis conclusiones, que vienen a ser como la base que legamos a los naturalistas de los siglos y milenios venideros».

9. Por una biología científica y creadora

I. Michurin sentó los principios de la ciencia que rige la naturaleza de las plantas. Estos principios han cambiado el propio método de enfocar la solución de los problemas biológicos.

La regulación práctica del desarrollo de las plantas cultivadas y de los animales domésticos presupone el conocimiento de las conexiones causales. Para que la Biología pueda ayudar más y mejor a los koljoses y sovjoses a obtener cosechas elevadas, una mayor productividad del ganado lechero, etc., debe comprender las complejas interrelaciones biológicas y las leyes de la vida y del desarrollo de las plantas y los animales.

La solución científica de los problemas prácticos es el camino más seguro para alcanzar un profundo conocimiento de las leyes del desarrollo de la naturaleza viva.

Los biólogos han prestado muy poca atención al estudio de las correlaciones, de las conexiones regulares histórico-naturales existentes entre los distintos cuerpos, entre los distintos fenómenos, entre las partes de los distintos cuerpos y los eslabones de los distintos fenómenos. Sin embargo, solo estas conexiones, correlaciones e interacciones regulares nos permiten conocer el proceso de desarrollo, la esencia de los fenómenos biológicas.

Pero cuando la naturaleza viva se estudia aisladamente de la práctica, el principio científico del estudio de las conexiones biológicas se pierde.

En sus investigaciones, los michurinistas toman como punto de partida la teoría darwinista de la evolucion. Sin embargo, la teoría de Darwin, tal como el la formuló, es por completo insuficiente en sí para dar solución a los problemas prácticos de la agricultura socialista. Por eso, el darwinismo que constituye la base de la Agrobiología soviética contemporánea es el darwinismo transformado a la luz de la doctrina de Michurin y de Williams y convertido así en darwinismo soviético, en darwinismo creador.

Muchos problemas del darwinismo asumen un aspecto diferente a consecuencia del desarrollo de la Agrobiología soviética de orientación michurinista. El darwinismo no solo va siendo purificado de sus defectos y equivocaciones, no solo va elevándose a una mayor altura, sino que muchas de sus tesis fundamentales están sufriendo cambios notables. De una ciencia que preferentemente explicaba la pasada historia del mundo orgánico, el darwinismo se va convirtiendo en un medio creador y eficiente de dominio sistemático de la naturaleza viva, desde el punto de vista de la práctica.

Nuestro darwinismo soviético, michuriniano, es un darwinismo creador, que, a la luz de la doctrina de Michurin, plantea y resuelve de manera nueva los problemas de la teoría de la evolución.

En este informe no puedo tocar muchas cuestiones teóricas que tenían y tienen una gran importancia práctica. Me detendré brevemente en una sola, en el problema de las relaciones recíprocas en el seno de la especie y entre las especies en la naturaleza viva.

Ya es hora de revisar la cuestión de la formación de las especies desde el punto de vista del paso brusco de la acumulación cuantitativa a las diferencias cualitativas de las especies.

Debemos comprender que la formación de la especie es el paso de los cambios cuantitativos a los cualitativos en el proceso histórico. Este salto es preparado por la actividad vital de las propias formas orgánicas, como resultado de la acumulación cuantitativa del efecto provocado por la acción de determinadas condiciones de vida, y esto es algo que puede ser perfectamente estudiado y dirigido.

Semejante concepción de la formación de las especies, de acuerdo con las leyes naturales, pone en manos de los biólogos un poderoso medio para dirigir el propio proceso vital y, por consiguiente, la formación de las especies.

Pienso que, si planteamos la cuestión así, podemos considerar que no es la acumulación de las diferencias cuantitativas que distinguen habitualmente las variedades de una misma especie lo que lleva a la formación de una nueva forma específica, a la obtención de una nueva especie partiendo de una vieja. Las acumulaciones cuantitativas de variaciones que llevan a la transformación por saltos de una vieja forma de especie en otra forma nueva, son variaciones de otro orden.

Las especies no son una abstracción, sino eslabones, realmente existentes, de la cadena biológica general.

La naturaleza viva es una cadena biológica que se puede considerar como dividida en eslabones individuales o especies. Por eso se equivoca quien dice que las especies no mantienen en ningún periodo la constancia de su determinación cualitativa como especie. Afirmar eso significa considerar el desarrollo de la naturaleza viva como una evolución igual, sin saltos.

Confirman mi opinión los datos de los experimentos para convertir el trigo duro (durum) en blando (vulgare).

Señalaré que todos los sistematizadores admiten ambas especies como buenas, indiscutibles e independientes.

Sabemos que no hay entre los trigos duros verdaderas formas de otoño, por eso en todas las regiones de invierno crudo el trigo duro se cultiva únicamente como trigo de primavera, y no de otoño. Los michurinianos han logrado un buen método de conversión del trigo de primavera en trigo otoñal. Ya hemos dicho que muchos trigos de primavera han sido transformados experimentalmente en trigos otoñales. Pero todo esto se refiere a la especie del trigo blando. Cuando se iniciaron los experimentos para convertir el trigo duro en trigo otoñal, vimos que después de dos, tres o cuatro años de siembra otoñal (requerida para convertir el trigo de primavera en trigo de otoño) el durum se convertía en vulgare, es decir, una especie se transformaba en otra. La forma durum, es decir, el trigo duro de 28 cromosomas, se convierte en distintas variedades de trigo blando de 42 cromosomas; por cierto, no hemos hallado en este caso ninguna forma transitoria entre el durum y el vulgare. La conversión de una especie en otra se realiza por saltos. Así, pues, vemos que la formación de una nueva especie es preparada por la actividad vital, modificada en varias generaciones, bajo condiciones específicamente nuevas. En nuestro caso es necesario someter el trigo duro, en el transcurso de dos, tres o cuatro generaciones, a la acción de las condiciones de otoño y de invierno.

Entonces puede transformarse mediante un salto en trigo blando sin ninguna forma transitoria entre las dos especies.

Considero pertinente señalar que lo que me ha llevado a plantear una cuestión profundamente teórica -el problema de la especie, el problema de las relaciones interespecíficas e intraespecíficas de los individuos- no ha sido ni es una mera curiosidad o la afición a teorizar de manera abstracta. Me ha hecho y me hace comprender la necesidad de estudiar estos problemas teóricos mi trabajo para dar solución a cuestiones puramente prácticas. Para comprender acertadamente las relaciones intraespecíficas e interespecíficas de los individuos era necesario tener una idea clara de las diferencias cualitativas entre la diversidad de formas de la misma y de distinta especie.

En relación con esto, se ha presentado de forma nueva la posibilidad de solucionar problemas de tal importancia práctica como la lucha contra las malas hierbas en la agricultura o la elección de componentes para la siembra de hierbas mezcladas, la rápida y amplia repoblación forestal de las regiones esteparias y otros muchos problemas. Esto es lo que me ha llevado a revisar los problemas de la lucha y la competencia intraespecíficas e interespecíficas y, después de una profunda y amplia investigación, a negar la existencia de toda lucha intraespecífica y de toda asistencia mutua de los individuos en el seno de la especie, así como a reconocer tanto la lucha y la competencia entre las especies, como la ayuda mutua entre las diferentes especies. Lamento haber hecho aún muy poco para dar a conocer a través de la prensa el contenido teórico y la importancia práctica de estas cuestiones.

*   *   *

Termino mi informe. Así pues, camaradas, por lo que se refiere a la orientación teórica en la Biología, los biólogos soviéticos estimamos que la orientación de Michurin es la única científica. Los weismanistas y sus partidarios, que niegan la herencia de las propiedades adquiridas, no merecen que nos ocupemos más de ellos. El futuro pertenece a Michurin. (Aplausos.)

V. Lenin y J. Stalin descubrieron a Michurin e hicieron de su doctrina un patrimonio del pueblo soviético. Con la gran atención paternal que manifestaron por su trabajo, salvaron para la Biología la notable doctrina de Michurin. El Partido, el Gobierno, y personalmente J. Stalin, manifiestan una solicitud constante por el ulterior desarrollo de esta doctrina. Para nosotros, biólogos soviéticos, no hay tarea más honrosa que desarrollarla fecundamente y aplicar en toda nuestra actividad el estilo michurinista de investigación de la naturaleza del desarrollo de los seres vivos.

Nuestra Academia debe preocuparse del desarrollo de la teoría de Michurin como nos lo enseña el ejemplo que con su constante interés por la actividad de Michurin nos han dado nuestros grandes maestros V. Lenin y J. Stalin. (Tempestuosos aplausos).

Referencias

Armon, R. 2010. Beyond Darwinism's eclipse: Functional evolution, biochemical recapitulation and Spencerian emergence in the 1920s and 1930s.Journal for general philosophy of science, 41(1), 173-194.

Birstein, V. 2001. The perversión of knowledge. Westview Press. Cambridge MA. https://books.google.es/books?id=2XqEAAAAQBAJ&pg=PT173&lpg=PT173&dq=Georgii+Meister&source=bl&ots=UHL5ah2hRD&sig=JJ--lXP9P2ModHw81CA2yfXrqhY&hl=es&sa=X&ved=0ahUKEwjQqYio0p7SAhXDwBQKHZ6GCkQQ6AEILzAD#v=onepage&q=Georgii%20Meister&f=false

Cervantes, E. 2011. Locomotora a la luna: Finalidad social de la obra de Darwin revelada en el Historical Sketch de la sexta edición del Origen de las Especies. Digital CSIC: http://digital.csic.es/bitstream/10261/32910/1/Locomotora%20a%20la%20luna.pdf

Cervantes, E. 2014. Manual para detectar la impostura científica: Examen del libro de Darwin por Flourens. Digital CSIC, 2013. 225 páginas.

Cervantes, E. y Pérez Galicia G. 2015. ¿Está usted de broma Mr Darwin? la Retórica en el Corazón del Darwinismo. OIACDI.

De Jong-Lambert, W.2012. The Cold War Politics of Genetic Research: An Introduction to the Lysenko Affair. Springer.

De Jong-Lambert, W. 2013. The second International workshop on Lysenkoism. Историко-биологические исследования, 5(1).

Eiseley, L. 1979. Darwin and the mysterious Mr. X. EP Dutton. New York.

Galera, A. 2000. Los guisantes mágicos de Darwin y Mendel. Asclepio-Vol. LII-2, 213-222.

Gliboff, S. 2002. The Spoiler: Paul Kammerer's fight for the inheritance of acquired characteristics.En:

https://scholarworks.iu.edu/dspace/bitstream/handle/2022/20791/160310Spoiler.pdf?sequence=1&isAllowed=y

Graham, L. 2014. Lysenko's Ghost: Epigenetics and Russia. Harvard University Press. Cambridge MA.

Lönnig,W.-E. 1998. Johann Gregor Mendel: Why his discoveries were ignored for 35 (72) years. Naturwissenschaftlicher Verlag Köln und mendel.htm (In German with English Summary and Note on Mendel's Integrity). pp.1-84 (1998, ergänzt 1999).

Lönnig, W.-E. 2001. Johann Gregor Mendel: Why his discoveries were ignored for 35 (72) years. http://www.weloennig.de/mendel02.htm. Consultado el 13 de Febrero de 2017.

Marks, J. 2008. The construction of Mendel laws. Evolutionary Anthropology 17: 250-253.

Marza, V.D. & Cerchez,N. 1967. Charles Naudin, a pionneer of contemporary Biology. Journal d'agriculture tropicale et de botanique appliquée, 14(10), 369-401.

Mendel, G. 1865. Versuche uber Pflanzen-Hybriden. Verhandlungen des naturforschenden den Vereines in Brunn 4:3-47.

Mendel, G. 1866. Versuche über Plflanzen-hybriden. Verhandlungen des naturforschenden Vereines in Brünn, Bd. IV für das Jahr 1865 , Abhandlungen, 3–47.

Montaigne, M. Ensayos. Libro II, Capítulo XXXVII: De la semejanza entre padres e hijo.

Roll-Hansen, N. 2005. The Lysenko effect (The politics of Science). Humanity books. New York.

Sapp, J. 1987. Beyond the gene: cytopasmic inheritance and the struggle for authority in genetics. Monographs on the History and Philosophy of Biology, Oxford University Press. EUA.

Sturtevant, A. 2001. A History of Genetics. Cold Spring Harbor Laboratory Press.

Suárez, F., & Ordóñez, A. (2010). De Gregor Mendel y la docencia sin licencia. Universitas Médica, 52(1), 90-97. http://revistas.javeriana.edu.co/index.php/vnimedica/article/viewFile/16 052/12846

Sutton, M. 2014. Nullius in Verba - Darwin's Greatest Secret. Amazon.

Wilkins, J.S and Nelson, G.J. 2008. Trémaux on species: A theory of allopatric speciation (and punctuated equilibrium) before Wagner. Archives of Philosophy of the Science. University of Pittsburgh USA. pdf: http://philsci-archive.pitt.edu/3881/1/Tremaux-on-species.pdf. Published online as "pre-print" format in this digital library and definitively published in History and Philosophy of the Life Sciences (Hist. Philos. Life Sci, 2008, 30:179-206).